Pourya Zarshenas

O horizonte das teorias atómicas

Pourya Zarshenas

O horizonte das teorias atómicas

A mecânica quântica tem substituição?

ScienciaScripts

Imprint

Any brand names and product names mentioned in this book are subject to trademark, brand or patent protection and are trademarks or registered trademarks of their respective holders. The use of brand names, product names, common names, trade names, product descriptions etc. even without a particular marking in this work is in no way to be construed to mean that such names may be regarded as unrestricted in respect of trademark and brand protection legislation and could thus be used by anyone.

Cover image: www.ingimage.com

This book is a translation from the original published under ISBN 978-620-7-63978-6.

Publisher:
Sciencia Scripts
is a trademark of
Dodo Books Indian Ocean Ltd. and OmniScriptum S.R.L publishing group

120 High Road, East Finchley, London, N2 9ED, United Kingdom
Str. Armeneasca 28/1, office 1, Chisinau MD-2012, Republic of Moldova, Europe
Printed at: see last page
ISBN: 978-620-7-66108-4

O horizonte das teorias atómicas
A mecânica quântica tem substituição?!

**Escrito por
Pourya Zarshenas**

**Teerão, Irão
abril de 2024**

Este livro foi dedicado a Sattar Khan, Bibi Maryam Bakhtiari e a todos os constitucionalistas com grande prazer e humildade.

O constitucionalismo e o seu impacto na nossa sociedade, enquanto um dos pilares da democracia, desempenha um papel crucial na definição da paisagem política e na garantia da proteção dos nossos direitos e liberdades.

Espero que este livro sirva de homenagem à dedicação e empenho de todos os constitucionalistas que trabalharam incansavelmente para defender os princípios da democracia e da justiça.

Que inspire as gerações futuras a continuarem a lutar por uma sociedade melhor e mais justa.

Com os melhores cumprimentos

((Em nome de Deus, o compassivo, o misericordioso))

Prefácio

As nossas intuições estão sintonizadas com a física clássica - o conjunto de leis e equações físicas que regem o comportamento dos objectos comuns. Por exemplo, as chaves do carro ficam normalmente onde as colocámos há uma hora e não voltam a aparecer no frigorífico. É possível planear um conjunto na noite anterior porque as roupas não mudam de cor no armário. E, apesar do batedor, uma bola de basebol bem lançada chega normalmente à luva do apanhador e não a outro estádio.

O mundo da física clássica é previsível a um nível incrível: Se soubermos a localização inicial e a velocidade de um objeto, bem como as forças que actuam sobre ele, podemos prever o seu movimento futuro com uma certeza quase perfeita. É assim que a NASA consegue colocar uma nave espacial num local preciso a mil milhões de quilómetros de distância.

No mundo quântico, as nossas intuições sobre a natureza tornam-se menos fiáveis. Por um lado, os objectos quânticos não têm movimentos perfeitamente previsíveis - nem mesmo em princípio. Uma nave espacial quântica não seguiria um único caminho. Em vez disso, agiria como se estivesse a seguir muitos caminhos diferentes. Assim, embora a NASA possa acompanhar o caminho exato percorrido por uma nave espacial normal na sua viagem, não teria a mesma sorte com uma nave quântica. O melhor que podem fazer é lançá-la e depois utilizar a física quântica para calcular a probabilidade de a nave espacial chegar a um determinado ponto num determinado momento.

A física quântica é assim escorregadia. A posição ou a velocidade de um objeto quântico pode existir como uma combinação de possibilidades até o medirmos - isto é, até observarmos a sua localização ou a velocidade a que se desloca. Quando isso acontece, a combinação desaparece e a posição ou a velocidade podem assumir valores definidos. Mas, com o passar do tempo, esses valores tendem a tornar-se novamente incertos.

Esta incerteza inata - e as probabilidades que a acompanham - são características centrais da física quântica. Mas há outras coisas que distinguem o mundo quântico do mundo clássico.

Uma delas é ilustrada pela diferença entre uma rampa e uma escada. Numa rampa, todos os pontos do percurso são passíveis de serem aproveitados para respirar. Mas no mundo quântico algumas propriedades só podem ter valores particulares, como se estivessem restritas aos degraus de uma escada. Pode estar no degrau 2, 3 ou 4 - e mesmo com os pés em dois degraus diferentes - mas não pode estar no degrau 2.67 ou 4.29. Os cientistas chamam a cada um destes degraus discretos um "quantum", da palavra latina para "quanto", e dizem que as propriedades quânticas com esta estrutura em escada são "quantizadas". No mundo quântico, a energia torna-se uma destas propriedades quantizadas. Para algo grande e clássico, como um gato, existe um contínuo de energias possíveis, em forma de rampa. Mas para coisas minúsculas e quânticas, como os átomos que compõem o gato, há uma escada de valores permitidos.

Esta escada é o que dá a cada elemento da tabela periódica a sua própria estrutura distinta, com um conjunto único de alturas entre cada degrau de energia - a distância entre degraus num átomo de sódio é diferente da de um átomo de néon ou de um átomo de oxigénio ou de qualquer outro elemento. A física quântica prevê estes padrões, que explicam as diferentes propriedades químicas e físicas de todos os elementos.

De facto, quando um átomo ganha exatamente a quantidade certa de energia - nem mais, nem menos - um dos seus electrões pode subir a escada para uma energia mais elevada. Eventualmente, esse eletrão cairá de novo, libertando a energia sob a forma de um feixe de luz - também conhecido como fotão. A cor do fotão depende da distância a que o eletrão cai, o que significa que elementos diferentes brilharão com cores diferentes. Os cientistas podem usar estas cores distintas como impressões digitais luminosas para identificar elementos à distância, permitindo-lhes determinar a composição de estrelas ou galáxias distantes.

A quantização é apenas uma das características do mundo quântico que colide com a nossa intuição. Há muitas outras, incluindo a dualidade onda-partícula, o emaranhamento, o princípio da incerteza e o spin - todas elas com os seus próprios aspectos contra-intuitivos. Mas embora estas características possam ser difíceis de compreender, o seu poder de previsão é difícil de negar: Juntos, eles formam o que é indiscutivelmente a descrição mais bem testada da natureza que a ciência já produziu.

Senhoras e senhores!
Bem-vindo à era da nova Física...

Pourya Zarshenas
Mestrado em Química Inorgânica pela Universidade Shahid Beheshti (SBU)
Mestrado em Química de Polímeros, Universidade Islâmica Azad (IAU)
Mestrado em Economia da Energia, Universidade Islâmica Azad (IAU)
Mestrado em Gestão Tecnológica, Universidade Islâmica Azad (IAU)

PouryaZarshenas@yahoo.com

Breve biografia do escritor

Pourya Zarshenas nasceu em 1994, em Teerão-Irão.

Químico profissional com mais de 12 anos de experiência em laboratório e um forte conhecimento prático da investigação.

Iniciou a licenciatura em Química Pura em 2013 na Universidade Shahid Beheshti (SBU), Teerão, Irão. Concluiu o bacharelato em 2017. Iniciou imediatamente o Mestrado em Química Inorgânica em 2018 na mesma universidade. O seu projeto de tese de mestrado sobre sensores ópticos de polímeros para deteção de metais pesados. Também iniciou o Mestrado em Química de Polímeros na Universidade Islâmica Azad (IAU), Teerão, Irão, em simultâneo.

Finalmente, terminou o Mestrado em Química Inorgânica em junho de 2020 com o seguinte título: "Conceção e caraterização de nanocompósitos poliméricos como sensores ópticos de iões metálicos tóxicos, tais como mercúrio, chumbo, etc., em ambientes aquáticos".

Também Mestre em Química de Polímeros em julho de 2020 com o título desta tese: "Inventar um novo método de adsorção de iões de metais pesados utilizando nanocompósitos de quitosano e grafeno em meio aquoso".

Entre setembro de 2020 e dezembro de 2021, iniciou o seu 3º Mestrado em Economia da Energia também na Islamic Azad University (IAU). Em setembro de 2021 defendeu a sua tese com este título: "Investigando o efeito da expansão e utilização de energias renováveis no crescimento económico e na redução da produção de gás CO_2 ".

Por fim, obteve o seu 4º mestrado em Gestão Tecnológica, com especialização em investigação e desenvolvimento (I&D), também na Universidade Islâmica Azad (IAU)!

Desta vez, entrou na universidade porque queria experimentar o processo de investigação e desenvolvimento que tinha aprendido de forma prática no seu ambiente de trabalho, agora num ambiente académico. O título da sua tese de mestrado foi "Gestão de sistemas energéticos urbanos baseados em novas tecnologias de energias renováveis".

Interessado em educação, investigação e assuntos executivos; com diferentes e pequenas experiências na universidade e em empresas privadas. Com uma história de participação em mais de 85 cursos especializados nacionais e estrangeiros, participando em 106 conferências científicas nacionais e internacionais, participação ativa em 91 projectos científicos, industriais e académicos, 100 livros científicos especializados, vencedor de 43 prémios nacionais e internacionais (3 medalhas mundiais em competições internacionais de patentes), proprietário de 7 patentes, proprietário de 3 teorias (uma no campo da transferência de previsão de terramotos com a ajuda de energias cósmicas & A outra no domínio da transferência de dados através de altas energias e ainda a teoria de Pourya Zarshenas para o desenvolvimento sustentável com base em energias verdes renováveis), com um historial de participação no júri de 10 conferências internacionais e de membro do conselho editorial de 3 revistas especializadas em química e de membro de 7 institutos e 40 associações científicas. Pretende continuar a sua formação académica em Química dos Materiais.

Capítulo 1
Química Quântica

O caminho para o sucesso e o caminho para o fracasso são quase exatamente os mesmos. -Colin R. Davis
E falhei no meu caminho para o sucesso. -Thomas Edison

A química quântica, também designada por mecânica quântica molecular, é um ramo da físico-química centrado na aplicação da mecânica quântica aos sistemas químicos, em particular no cálculo quântico-mecânico das contribuições e efeitos electrónicos. Estes cálculos incluem aproximações aplicadas sistematicamente com o objetivo de tornar os cálculos computacionalmente viáveis, captando simultaneamente o máximo de informação sobre contribuições importantes para as funções de onda e propriedades observáveis. A química quântica ocupa-se também do cálculo dos efeitos quânticos na dinâmica molecular e na cinética química. Os químicos dependem muito da espetroscopia, através da qual é possível obter informações sobre a quantização da energia à escala molecular. Os métodos mais comuns são a espetroscopia de infravermelhos (IV), a espetroscopia de ressonância magnética nuclear (RMN) e a microscopia de sonda de varrimento. A química quântica pode ser aplicada à previsão e verificação de dados espectroscópicos, bem como a outros dados experimentais.

Muitos estudos de química quântica centram-se no estado eletrónico fundamental e nos estados excitados de átomos e moléculas individuais, bem como no estudo das vias de reação e dos estados de transição que ocorrem durante as reacções químicas. As propriedades espectroscópicas também podem ser previstas. Normalmente, esses estudos assumem que a função de onda eletrónica é adiabaticamente parametrizada pelas posições nucleares (ou seja, a aproximação de Born-Oppenheimer). É utilizada uma grande variedade de abordagens, incluindo métodos semi-empíricos, teoria do funcional da densidade, cálculos Hartree-Fock, métodos quânticos de Monte Carlo e métodos de agregados acoplados. A compreensão da estrutura eletrónica e da dinâmica molecular através do desenvolvimento de soluções computacionais para a equação de Schrödinger é um objetivo central da química quântica. Os progressos neste domínio dependem da superação de vários desafios, incluindo a necessidade de aumentar a exatidão dos resultados para pequenos sistemas moleculares e de aumentar também a dimensão das grandes moléculas que podem ser realisticamente sujeitas a computação, que é limitada por considerações de escala em que o tempo de computação aumenta como uma potência do número de átomos.

Há quem considere que o nascimento da química quântica começou com a descoberta da equação de Schrödinger e a sua aplicação ao átomo de hidrogénio em 1926 [carece de fontes]. No entanto, o artigo de 1927 de Walter Heitler (1904-1981) e Fritz London é frequentemente reconhecido como o primeiro marco na história da química quântica. Trata-se da primeira aplicação da mecânica quântica à molécula diatómica de hidrogénio e, por conseguinte, ao fenómeno da ligação química. Nos anos seguintes, muitos progressos foram realizados por Robert S. Mulliken, Max Born, J. Robert Oppenheimer, Linus Pauling, Erich Hückel, Douglas Hartree, Vladimir Fock, para citar alguns. A história da química quântica passa também pela descoberta dos raios catódicos por Michael Faraday, em 1838, pela resolução do problema da radiação do corpo negro por Gustav Kirchhoff, em 1859, pela sugestão de Ludwig Boltzmann, em 1877, de que os estados energéticos de um sistema físico podiam ser discretos, e a hipótese quântica de 1900 de Max Planck, segundo a qual qualquer sistema atómico que irradia energia pode teoricamente ser dividido num número de elementos energéticos discretos ε, de tal modo que cada um desses elementos energéticos é proporcional à frequência ν com que cada um deles irradia energia e a um valor numérico denominado constante de Planck. Depois, em 1905, para explicar o efeito fotoelétrico (1839), ou seja, o facto de a luz incidir sobre certos materiais e poder ejetar electrões do material, Albert Einstein postulou, com base na hipótese quântica de Planck, que a própria luz é constituída por partículas quânticas individuais, que mais tarde viriam a ser designadas por fotões (1926). Nos anos que se seguiram, esta base teórica começou lentamente a ser aplicada à estrutura química, à reatividade e às ligações. Provavelmente, a maior contribuição para este domínio foi dada por Linus Pauling.

O primeiro passo na resolução de um problema de química quântica é geralmente a resolução da equação de Schrödinger (ou equação de Dirac na química quântica relativista) com o Hamiltoniano molecular eletrónico. A isto chama-se determinar a estrutura eletrónica da molécula. Pode dizer-se que a estrutura eletrónica de uma molécula ou de um cristal implica essencialmente as suas propriedades químicas. Só é possível obter uma solução exacta da equação de Schrödinger para o átomo de hidrogénio (embora tenham sido identificadas soluções exactas para as energias do estado limite do ião molecular de hidrogénio em termos da função

Lambert W generalizada). Uma vez que todos os outros sistemas atómicos ou moleculares envolvem os movimentos de três ou mais "partículas", as suas equações de Schrödinger não podem ser resolvidas com exatidão, pelo que é necessário procurar soluções aproximadas.

Ligação de valência

Embora a base matemática da química quântica tenha sido lançada por Schrödinger em 1926, é geralmente aceite que o primeiro cálculo verdadeiro em química quântica foi o dos físicos alemães Walter Heitler e Fritz London sobre a molécula de hidrogénio (H2) em 1927. O método de Heitler e London foi alargado pelo físico teórico americano John C. Slater e pelo químico teórico americano Linus Pauling, tornando-se no método da ligação de valência (VB) [ou método Heitler-London-Slater-Pauling (HLSP)]. Neste método, a atenção é dedicada principalmente às interacções entre pares de átomos, pelo que este método está estreitamente relacionado com os desenhos de ligações dos químicos clássicos. Centra-se na forma como as orbitais atómicas de um átomo se combinam para dar origem a ligações químicas individuais quando uma molécula é formada, incorporando os dois conceitos-chave de hibridação orbital e ressonância.

Orbital molecular

Uma abordagem alternativa foi desenvolvida em 1929 por Friedrich Hund e Robert S. Mulliken, na qual os electrões são descritos por funções matemáticas deslocalizadas ao longo de toda a molécula. A abordagem de Hund-Mulliken ou método da orbital molecular (MO) é menos intuitiva para os químicos, mas revelou-se capaz de prever propriedades espectroscópicas melhor do que o método VB. Esta abordagem é a base concetual do método Hartree-Fock e de outros métodos pós-Hartree-Fock.

Teoria do funcional da densidade

O modelo Thomas-Fermi foi desenvolvido independentemente por Thomas e Fermi em 1927. Foi a primeira tentativa de descrever sistemas com muitos electrões com base na densidade eletrónica em vez de funções de onda, embora não tenha sido muito bem sucedido no tratamento de moléculas inteiras. O método forneceu a base para o que é atualmente conhecido como teoria do funcional da densidade (DFT). A DFT atual utiliza o método de Kohn-Sham, em que o funcional da densidade é dividido em quatro termos: a energia cinética de Kohn-Sham, um potencial externo, as energias de troca e de correlação. Uma grande parte do enfoque no desenvolvimento da DFT consiste em melhorar os termos de troca e correlação. Embora este método esteja menos desenvolvido do que os métodos pós-Hartree-Fock, os seus requisitos computacionais significativamente mais baixos (escalonamento tipicamente não pior do que n3 em relação a n funções de base, para os funcionais puros) permitem-lhe lidar com moléculas poliatómicas maiores e mesmo com macromoléculas. Esta acessibilidade computacional e a precisão frequentemente comparável à do MP2 e do CCSD(T) (métodos pós-Hartree-Fock) tornaram-no um dos métodos mais populares em química computacional.

Dinâmica química
Uma outra etapa pode consistir na resolução da equação de Schrödinger com o Hamiltoniano molecular total, a fim de estudar o movimento das moléculas. A solução direta da equação de Schrödinger é designada por dinâmica molecular quântica, no âmbito da aproximação semi-clássica, por dinâmica molecular semi-clássica e, no âmbito da mecânica clássica, por dinâmica molecular (MD). São também possíveis abordagens estatísticas, utilizando, por exemplo, métodos de Monte Carlo, e dinâmicas mistas quântico-clássicas.

Dinâmica química adiabática
Na dinâmica adiabática, as interacções interatómicas são representadas por potenciais escalares únicos denominados superfícies de energia potencial. Esta é a aproximação de Born-Oppenheimer introduzida por Born e Oppenheimer em 1927. As aplicações pioneiras desta aproximação em química foram efectuadas por Rice e Ramsperger em 1927 e Kassel em 1928, e generalizadas para a teoria RRKM em 1952 por Marcus, que teve em conta a teoria dos estados de transição desenvolvida por Eyring em 1935. Estes métodos permitem estimativas simples das taxas de reação unimoleculares a partir de algumas características da superfície potencial.

Dinâmica química não-adiabática
A dinâmica não-adiabática consiste em considerar a interação entre várias superfícies de energia potencial acopladas (correspondentes a diferentes estados quânticos electrónicos da molécula). Os termos de acoplamento são designados acoplamentos vibrónicos. O trabalho pioneiro neste domínio foi realizado por Stueckelberg, Landau e Zener na década de 1930, no seu trabalho sobre o que é agora conhecido como a transição Landau-Zener. A sua fórmula permite calcular a probabilidade de transição entre duas curvas de potencial diabático na vizinhança de um cruzamento evitado. As reacções de spin proibido são um tipo de reacções não adiabáticas em que ocorre pelo menos uma mudança no estado de spin quando se passa do reagente para o produto.

A química quântica nasceu de uma forma rochosa e vulcânica, e a história da sua formação não foi abordada extensivamente até agora. Em Neither Physics nor Chemistry: A History of Quantum Chemistry, os historiadores da ciência Kostas Gavroglu e Ana Simões traçam o desenvolvimento de um campo que surgiu através de interacções entre a física, a química, a matemática aplicada e aquilo a que hoje chamamos informática. Um livro esclarecedor e bem estudado, Nem a Física nem a Química cobre o período de expansão de meio século, dos anos 20 aos anos 70, desde a era de Walter Heitler e Fritz London, passando pelas tensões entre químicos e físicos, entre o Novo Mundo e o Velho Mundo, e mesmo entre os actores do campo com diferentes filiações políticas. O livro está repleto de anedotas interessantes, citações e ideias fundamentais concebidas por esses actores.

Nem a Física nem a Química são paralelas à Imagem e à Lógica: A Material Culture of Microphysics (University of Chicago Press, 1997; recensão de W. K. H. Panofsky em Physics Today, dezembro de 1997, página 65). Em Image and Logic, o autor Peter Galison traça um quadro multidisciplinar semelhante do nascimento da física de partículas. Em particular, num capítulo sobre a simulação por computador, Galison descreve a "zona de negociação" concetual entre os físicos e os engenheiros informáticos que, a partir dos anos 40, levou à utilização dos primeiros computadores, como o MANIAC em Los Alamos, para realizar simulações de Monte Carlo. O livro narra o trabalho visionário, mais ou menos na mesma altura, do químico Samuel Boys, que utilizou o computador EDSAC no Reino Unido para efetuar os primeiros cálculos de química quântica. As biografias dos heróis da química quântica são menos conhecidas do que as dos fundadores da mecânica quântica ou dos criadores da bomba atómica. Muitas pessoas conhecem Wolfgang Pauli ou Werner Heisenberg, mas menos conhecem Hans Hellman ou Robert Mulliken. Nem a Física nem a Química aborda essa discrepância. Além disso, contém muito material sobre as discussões críticas que continuam a ser relevantes para a forma como os químicos trabalham. Se quisermos ir às raízes da razão pela qual os químicos orgânicos ainda pensam numa imagem de ligação de valência "local", embora muitos químicos teóricos estejam enraizados na teoria das orbitais moleculares, este livro fornece o contexto histórico.

Passaram quase cem anos desde os primórdios da química quântica, e ambos os domínios de origem, a física quântica e a química, mudaram muito. Um dos impulsos da mecânica quântica atual é a tecnologia quântica: Todos os dias assistimos a avanços no desenvolvimento de novos dispositivos que podem ser utilizados para o processamento de informação quântica. Entretanto, os teóricos estão a desenvolver novas ideias baseadas na informação quântica e os físico-químicos experimentais estão a utilizar a luz para sondar átomos e moléculas em tempos muito curtos e energias muito elevadas. A interação entre a física e a química do século XXI pode conduzir a uma renovação da química quântica ou a um novo domínio que recolha os desenvolvimentos actuais da física e da química. Talvez se possa chamar-lhe química da informação quântica, que poderá ser objeto de um livro de futuros historiadores, que fariam bem em ser tão lúcidos na sua análise como o foram Gavroglu e Simões.

Em 1879, Josef Stefan propôs, com base experimental, que a energia total emitida por um corpo quente era proporcional à quarta potência da temperatura. Na generalidade afirmada por Stefan, isto é falso. Em 1884, Ludwig Boltzmann chegou à mesma conclusão para a radiação do corpo negro, desta vez a partir de considerações teóricas utilizando a termodinâmica e a teoria electromagnética de Maxwell. O resultado, atualmente conhecido como a lei de Stefan-Boltzmann, não responde totalmente ao desafio de Kirchhoff, uma vez que não responde à questão para comprimentos de onda específicos.

Em 1896, Wilhelm Wien propôs uma solução para o desafio de Kirchhoff. No entanto, apesar de a sua solução corresponder às observações experimentais para pequenos valores do comprimento de onda, Rubens e Kurlbaum demonstraram que não funciona no infravermelho distante.

Kirchhoff, que tinha estado em Heidelberg, mudou-se para Berlim. Foi oferecida a Boltzmann a sua cátedra em Heidelberg, mas este recusou. A cátedra foi então oferecida a Hertz, que também recusou a oferta, pelo que foi novamente oferecida, desta vez a Planck, que aceitou.

Rubens visitou Planck em outubro de 1900 e explicou-lhe os seus resultados. Poucas horas depois de Rubens sair da casa de Planck, Planck adivinhou a fórmula correcta da função JJ de Kirchhoff. Essa suposição se ajustava muito bem à evidência experimental em todos os comprimentos de onda, mas Planck não estava satisfeito com isso e tentou dar uma derivação teórica da fórmula. Para o fazer, deu o passo sem precedentes de assumir que a energia total é constituída por elementos de energia indistinguíveis - quanta de energia. Ele escreveu: A experiência provará se esta hipótese se realiza na natureza.

O próprio Planck deu crédito a Boltzmann pelo seu método estatístico, mas a abordagem de Planck era fundamentalmente diferente. No entanto, a teoria tinha-se agora desviado da experiência e baseava-se numa hipótese sem base experimental. Planck recebeu o Prémio Nobel da Física de 1918 por este trabalho.

Em 1901, Ricci e Levi-Civita publicaram Cálculo diferencial absoluto. Foi a descoberta da "diferenciação covariante" por Christoffel em 1869 que permitiu a Ricci alargar a teoria da análise tensorial ao espaço Riemanniano de nn dimensões. Pensou-se que as definições de Ricci e de Levi-Civita davam a formulação mais geral de um tensor. Este trabalho não foi realizado com a teoria quântica em mente, mas, como acontece frequentemente, a matemática necessária para dar corpo a uma teoria física apareceu exatamente no momento certo.

Em 1905, Einstein examinou o efeito fotoelétrico. O efeito fotoelétrico é a libertação de electrões de certos metais ou semicondutores pela ação da luz. A teoria electromagnética da luz dá resultados contrários à evidência experimental. Einstein propôs uma teoria quântica da luz para resolver esta dificuldade e apercebeu-se que a teoria de Planck utilizava implicitamente a hipótese quântica da luz. Em 1906, Einstein tinha adivinhado corretamente que as mudanças de energia ocorrem num oscilador quântico material em mudanças de saltos que são múltiplos de \hslash v$\hbar$v onde \hslash$\hbar$ é a constante reduzida de Planck e vv é a frequência. Einstein recebeu o Prémio Nobel da Física de 1921, em 1922, por este trabalho sobre o efeito fotoelétrico.

Em 1913, Niels Bohr escreveu um artigo revolucionário sobre o átomo de hidrogénio. Descobriu as principais leis das linhas espectrais. Este trabalho valeu a Bohr o Prémio Nobel da Física de 1922. Em 1923, Arthur Compton derivou a cinemática relativista para a dispersão de um fotão (um quantum de luz) de um eletrão em repouso.

No entanto, havia conceitos na nova teoria quântica que preocupavam muitos dos principais físicos. Einstein, em particular, preocupava-se com o elemento "acaso" que tinha entrado na física. De facto, Rutherford tinha introduzido o efeito espontâneo ao discutir o decaimento radioativo em 1900. Em 1924, Einstein escreveu

Existem, portanto, atualmente, duas teorias da luz, ambas indispensáveis e - como se deve admitir hoje, apesar de vinte anos de esforços tremendos por parte dos físicos teóricos - sem qualquer ligação lógica.

No mesmo ano, 1924, Bohr, Kramers e Slater apresentaram importantes propostas teóricas sobre a interação da luz com a matéria, rejeitando o fotão. Embora as propostas fossem o caminho errado, estimularam um importante trabalho experimental. Bohr abordou alguns paradoxos no seu trabalho.

(i) Como pode a energia ser conservada se algumas mudanças de energia são contínuas e outras são descontínuas, ou seja, mudam em quantidades quânticas.

(ii) Como é que o eletrão sabe quando deve emitir radiação.

Einstein tinha ficado intrigado com o paradoxo (ii) e Pauli disse rapidamente a Bohr que não acreditava na sua teoria. O trabalho experimental posterior rapidamente pôs fim a qualquer resistência à crença no eletrão. Foi necessário encontrar outras formas de resolver os paradoxos.

Até esta fase, a teoria quântica foi estabelecida no espaço euclidiano e utilizou tensores cartesianos de momento linear e angular. No entanto, a teoria quântica estava prestes a entrar numa nova era.

Em 1924, foi publicado outro artigo fundamental. Foi escrito por Satyendra Nath Bose e rejeitado por um árbitro para publicação. Bose enviou então o manuscrito a Einstein, que imediatamente percebeu a importância do trabalho de Bose e providenciou a sua publicação. Bose propôs diferentes estados para o fotão. Propôs também que não existe conservação do número de fotões. Em vez da independência estatística das partículas, Bose colocou as partículas em células e falou da independência estatística das células. O tempo mostrou que Bose tinha razão em todos estes pontos.

Quase ao mesmo tempo que Bose, estavam a decorrer trabalhos de importância fundamental. Foi apresentada a tese de doutoramento de Louis de Broglie, que alargou a dualidade partícula-onda da luz a todas as partículas, em particular aos electrões. Em 1926, Schrödinger publicou um artigo com a sua equação para o átomo de hidrogénio e anunciou o nascimento da mecânica ondulatória. Schrödinger introduziu operadores associados a cada variável dinâmica.

O ano de 1926 viu a solução completa da derivação da lei de Planck após 26 anos. A solução foi dada por Dirac. Também em 1926 Born abandonou a causalidade da física tradicional. A propósito das colisões, Born escreveu

Não se obtém uma resposta à pergunta "qual é o estado após a colisão? Mas apenas à pergunta: qual é a probabilidade de um determinado efeito da colisão? Do ponto de vista da nossa mecânica quântica, não existe nenhuma quantidade que fixe causalmente o efeito de uma colisão num acontecimento individual.

Heisenberg escreveu o seu primeiro artigo sobre mecânica quântica em 1925 e, dois anos mais tarde, enunciou o seu princípio da incerteza. Este princípio afirma que o processo de medição da posição xx de uma partícula perturba o momento pp da partícula, de modo que

$$Dx\ Dp \geq \backslash hslash = \backslash large\ \backslash frac\ h\ \{2\backslash pi\} DxDp{\geq}\hbar{=}2\pi h$$

Onde *DxDx* é a incerteza da posição e *DpDp* é a incerteza do momento. Aqui hh é a constante de Planck e $\hbar$ é normalmente designada por "constante de Planck reduzida". Heisenberg afirma que: a não validade da causalidade rigorosa é necessária e não apenas consistentemente possível. O trabalho de Heisenberg utilizou métodos matriciais tornados possíveis pelo trabalho de Cayley sobre matrizes 50 anos antes. De facto, a mecânica matricial "rival", derivada do trabalho de Heisenberg, e a mecânica ondulatória, resultante do trabalho de Schrödinger, entraram agora em cena. Só 25 anos mais tarde é que Riesz desenvolveu a matemática necessária para demonstrar a sua equivalência.

Também em 1927, Bohr afirmou que as coordenadas do espaço-tempo e a causalidade são complementares. Pauli apercebeu-se de que o spin, um dos estados propostos por Bose, correspondia a um novo tipo de tensor, não abrangido pelo trabalho de Ricci e Levi-Civita de 1901. No entanto, a matemática deste fenómeno tinha sido antecipada por Eli Cartan, que introduziu um "espinor" no âmbito de uma investigação muito mais geral em 1913. Dirac, em 1928, deu a primeira solução para o problema de exprimir a teoria quântica numa forma invariante sob o grupo de transformações de Lorentz da relatividade especial. Expressou a equação de onda de d'Alembert em termos de álgebra de operadores.

O princípio da incerteza não foi aceite por todos. O seu opositor mais declarado foi Einstein. Este concebeu um desafio a Niels Bohr, que lançou numa conferência em que ambos participaram em 1930. Einstein sugeriu uma caixa cheia de radiação com um relógio colocado num dos lados. O relógio foi concebido para abrir uma persiana e deixar escapar um fotão. Pesar novamente a caixa algum tempo depois e a energia do fotão e o seu tempo de fuga podem ser medidos com uma precisão arbitrária. É claro que isto não pretende ser uma experiência real, mas apenas uma "experiência de pensamento".

Diz-se que Niels Bohr passou uma noite infeliz e Einstein uma noite feliz, após este desafio de Einstein ao princípio da incerteza. No entanto, Niels Bohr teve o triunfo final, pois no dia seguinte tinha a solução. A massa é medida pendurando um peso de compensação debaixo da caixa. Este, por sua vez, dá um impulso à caixa e há um erro na medição da posição. O tempo, de acordo com a relatividade, não é absoluto e o erro na posição da caixa traduz-se num erro na medição do tempo. Embora Einstein nunca tenha ficado satisfeito com o princípio da incerteza, foi forçado a aceitá-lo, com alguma relutância, após a explicação de Bohr. Em 1932, von Neumann colocou a teoria quântica numa base teórica sólida. Alguns dos trabalhos anteriores careciam de rigor matemático, mas von Neumann colocou toda a teoria no âmbito da álgebra de operadores.

A história da mecânica quântica é uma parte fundamental da história da física moderna. A história da mecânica quântica, tal como se entrelaça com a história da química quântica, começou essencialmente com uma série de descobertas científicas diferentes: a descoberta dos raios catódicos, em 1838, por Michael Faraday; a declaração do problema da radiação do corpo negro, no inverno de 1859-60, por Gustav Kirchhoff; a sugestão de Ludwig Boltzmann, em 1877, de que os estados energéticos de um sistema físico podiam ser discretos; a descoberta do efeito fotoelétrico por Heinrich Hertz, em 1887; e a hipótese quântica de Max Planck, em 1900, de que qualquer sistema atómico que irradia energia pode, teoricamente, ser dividido num número de "elementos de energia" discretos ε (letra grega épsilon), de tal modo que cada um desses elementos de energia é proporcional à frequência ν com que cada um deles irradia energia individualmente, tal como definido pela seguinte fórmula

Onde h é um valor numérico chamado constante de Planck.

Depois, Albert Einstein, em 1905, a fim de explicar o efeito fotoelétrico previamente relatado por Heinrich Hertz em 1887, postulou, de acordo com a hipótese quântica de Max Planck, que a própria luz é feita de partículas quânticas individuais, que em 1926 passaram a ser designadas por fotões por Gilbert N. Lewis. O efeito fotoelétrico foi observado ao fazer incidir luz de determinados comprimentos de onda sobre certos materiais, como os metais, o que provocava a ejeção de electrões desses materiais apenas se a energia quântica da luz fosse superior à função trabalho da superfície do metal.

A expressão "mecânica quântica" foi cunhada (em alemão, Quantenmechanik) pelo grupo de físicos que incluía Max Born, Werner Heisenberg e Wolfgang Pauli, na Universidade de Göttingen, no início da década de 1920, e foi utilizada pela primeira vez no artigo de Born de 1924, "Zur Quantenmechanik". [1] Nos anos seguintes, esta base teórica começou lentamente a ser aplicada à estrutura química, à reatividade e às ligações.

Antecessores e a "velha teoria quântica"

Durante o início do século XIX, a investigação química de John Dalton e Amedeo Avogadro deu peso à teoria atómica da matéria, uma ideia que James Clerk Maxwell, Ludwig Boltzmann e outros desenvolveram para estabelecer a teoria cinética dos gases. Os sucessos da teoria cinética deram mais crédito à ideia de que a matéria é composta por átomos, mas a teoria também tinha deficiências que só seriam resolvidas com o desenvolvimento da mecânica quântica[2]. [2] A existência de átomos não era universalmente aceite pelos físicos e químicos; Ernst Mach, por exemplo, era um anti-atomista convicto. [3]

Ludwig Boltzmann sugeriu em 1877 que os níveis de energia de um sistema físico, como uma molécula, podiam ser discretos (em vez de contínuos). A justificação de Boltzmann para a presença de níveis de energia discretos em moléculas como as do gás iodo teve origem nas suas teorias da termodinâmica estatística e da mecânica estatística e foi apoiada por argumentos matemáticos, tal como aconteceria vinte anos mais tarde com a primeira teoria quântica apresentada por Max Planck.

Em 1900, o físico alemão Max Planck, que nunca tinha acreditado em átomos discretos, introduziu com relutância a ideia de que a energia é quantizada, a fim de derivar uma fórmula para a dependência da frequência observada da energia emitida por um corpo negro, denominada lei de Planck, que incluía uma distribuição de Boltzmann (aplicável no limite clássico).

Em 1905, Albert Einstein utilizou a teoria cinética para explicar o movimento browniano. O físico francês Jean Baptiste Perrin utilizou o modelo do artigo de Einstein para determinar experimentalmente a massa e as dimensões dos átomos, verificando assim diretamente a teoria atómica. Também em 1905, Einstein explicou o efeito fotoelétrico postulando que a luz, ou mais genericamente toda a radiação electromagnética, pode ser dividida num número finito de "quanta de energia" que são pontos localizados no espaço. Na secção de introdução do seu artigo quântico de março de 1905, "Sobre um ponto de vista heurístico relativo à emissão e transformação da luz", Einstein afirma

De acordo com a hipótese aqui considerada, quando um raio de luz se propaga a partir de um ponto, a energia não se distribui continuamente por espaços cada vez maiores, mas consiste num número finito de "quanta de energia" que se localizam em pontos do espaço, se movem sem se dividirem e só podem ser absorvidos ou gerados como um todo.

Esta afirmação foi considerada a frase mais revolucionária escrita por um físico do século XX. [5] Estes quanta de energia passaram mais tarde a ser designados por "fotões", um termo introduzido por Gilbert N. Lewis em 1926. A ideia de que cada fotão tinha de consistir em energia em termos de quanta foi um feito notável; resolveu efetivamente o problema de a radiação do corpo negro atingir uma energia infinita, o que ocorria em teoria se a luz fosse explicada apenas em termos de ondas.

No primeiro Congresso de Solvay, em 1911, foi dado um passo importante na evolução da teoria quântica. Nesse congresso, os principais físicos da comunidade científica reuniram-se para discutir o problema da "Radiação e dos Quanta". Por esta altura, o modelo do átomo de Ernest Rutherford já tinha sido publicado, [6][7] mas grande parte da discussão sobre a estrutura atómica girava em torno do modelo quântico de Arthur Haas em 1910. Além disso, no Congresso de Solvay, em 1911, Hendrik Lorentz sugeriu, após a palestra de Einstein sobre a estrutura quântica, que a energia de um rotador fosse igual a nhv.[8][9]: 244 Seguiram-se outros modelos quânticos, como o modelo de John William Nicholson, de 1912, que era nuclear e quantizava o momento angular.[10][11][12] Nicholson tinha introduzido os espectros no seu modelo atómico, utilizando as oscilações dos electrões num átomo nuclear perpendicularmente ao plano orbital, mantendo assim a estabilidade. Os espectros atómicos de Nicholson identificaram muitas linhas não atribuídas em espectros solares e nebulares[10][13][14][9]: 278

Em 1913, Bohr explicou as linhas espectrais do átomo de hidrogénio, mais uma vez recorrendo à quantização, no seu artigo de julho de 1913, On the Constitution of Atoms and Molecules, no qual discutiu e citou o modelo de Nicholson[15][16][12]. No modelo de Bohr, o átomo de hidrogénio é representado por um núcleo pesado, com carga positiva, orbitado por um eletrão leve, com carga negativa. O eletrão só pode existir em certas órbitas discretamente separadas, identificadas pelo seu momento angular, que se limita a ser um múltiplo inteiro da constante de Planck reduzida. O principal sucesso do modelo consistiu em explicar a fórmula de Rydberg para as linhas de emissão espetral do hidrogénio atómico, utilizando as transições dos electrões entre órbitas[9]. Embora a fórmula de Rydberg fosse conhecida experimentalmente, não ganhou uma base teórica até à introdução do modelo de Bohr. O modelo de Bohr não só explicou as razões para a estrutura da fórmula de Rydberg, como também forneceu uma justificação para as constantes físicas fundamentais que constituem os resultados empíricos da fórmula.

Além disso, a aplicação da teoria quântica de Planck ao eletrão permitiu a Ştefan Procopiu, em 1911-1913, e posteriormente a Niels Bohr, em 1913, calcular o momento magnético do eletrão, que mais tarde foi designado por "magnetão"; cálculos quânticos semelhantes, mas com valores numericamente muito diferentes, foram posteriormente possíveis para os momentos magnéticos do protão e do neutrão, que são três ordens de grandeza mais pequenos do que o do eletrão.

Estas teorias, embora bem sucedidas, eram estritamente fenomenológicas: durante este período, não existia qualquer justificação rigorosa para a quantização, à exceção, talvez, da discussão de Henri Poincaré sobre a teoria de Planck no seu artigo de 1912 Sur la théorie des quanta[17][18]. São conhecidas coletivamente como a antiga teoria quântica.

A expressão "física quântica" foi utilizada pela primeira vez em Planck's Universe in Light of Modern Physics (1931), de Johnston.

Em 1923, o físico francês Louis de Broglie apresentou a sua teoria das ondas de matéria, afirmando que as partículas podem apresentar características de onda e vice-versa. Esta teoria referia-se a uma única partícula e derivava da teoria da relatividade especial. Com base na abordagem de de Broglie, a mecânica quântica moderna nasceu em 1925, quando os físicos alemães Werner Heisenberg, Max Born e Pascual Jordan [19][20] desenvolveram a mecânica matricial e o físico austríaco Erwin Schrödinger inventou a mecânica ondulatória e a equação de Schrödinger não relativista como uma aproximação do caso generalizado da teoria de de Broglie[21]. As primeiras aplicações da mecânica quântica a sistemas físicos foram a determinação algébrica do espetro do hidrogénio por Wolfgang Pauli [22] e o tratamento de moléculas diatómicas por Lucy Mensing. [23]

Com a diminuição da temperatura, o pico da curva de radiação do corpo negro desloca-se para comprimentos de onda mais longos e também tem intensidades mais baixas. As curvas de radiação do corpo negro (1862), à esquerda, são também comparadas com o modelo limite clássico de Rayleigh e Jeans (1900), apresentado à direita. O lado de comprimento de onda curto das curvas já tinha sido aproximado em 1896 pela lei de distribuição de Wien.

Mecânica quântica moderna

Heisenberg formulou uma versão inicial do princípio da incerteza em 1927, analisando uma experiência de pensamento em que se tenta medir simultaneamente a posição e o momento de um eletrão. No entanto, Heisenberg não deu definições matemáticas precisas sobre o significado da "incerteza" nestas medições, um passo que seria dado pouco depois por Earle Hesse Kennard, Wolfgang Pauli e Hermann Weyl.[24][25] Por volta de 1927, Paul Dirac iniciou o processo de unificação da mecânica quântica com a relatividade especial, propondo a equação de Dirac para o eletrão. A equação de Dirac consegue a descrição relativista da função de onda de um eletrão que Schrödinger não conseguiu obter. Prevê o spin do eletrão e levou Dirac a prever a existência do positrão. Foi também pioneiro na utilização da teoria dos operadores, incluindo a influente notação bra-ket, tal como descrita no seu famoso livro de 1930. Durante o mesmo período, o polímata húngaro John von Neumann formulou a base matemática rigorosa da mecânica quântica como a teoria dos operadores lineares em espaços de Hilbert, tal como descrito no seu igualmente famoso livro de 1932. Este, tal como muitas outras obras do período fundador, ainda está de pé e continua a ser amplamente utilizado. O domínio da química quântica foi iniciado pelos físicos Walter Heitler e Fritz London, que publicaram um estudo da ligação covalente da molécula de hidrogénio em 1927. A química quântica foi subsequentemente desenvolvida por um grande número de trabalhadores, incluindo o químico teórico americano Linus Pauling, do Caltech, e John C. Slater, em várias teorias, como a teoria dos orbitais moleculares ou a teoria da valência.

Teoria quântica de campos
A partir de 1927, os investigadores tentaram aplicar a mecânica quântica a campos em vez de partículas individuais, o que resultou em teorias quânticas de campos. Os primeiros investigadores neste domínio incluem P.A.M. Dirac, W. Pauli, V. Weisskopf e P. Jordan. Esta área de investigação culminou na formulação da eletrodinâmica quântica por R.P. Feynman, F. Dyson, J. Schwinger e S. Tomonaga durante a década de 1940. A eletrodinâmica quântica descreve uma teoria quântica dos electrões, positrões e do campo eletromagnético, e serviu de modelo para as teorias quânticas de campo subsequentes. A teoria da cromodinâmica quântica foi formulada no início da década de 1960. A teoria, tal como a conhecemos atualmente, foi formulada por Politzer, Gross e Wilczek em 1975.
Com base no trabalho pioneiro de Schwinger, Higgs e Goldstone, os físicos Glashow, Weinberg e Salam mostraram independentemente como a força nuclear fraca e a eletrodinâmica quântica se podiam fundir numa única força electrofraca, pelo que receberam o Prémio Nobel da Física de 1979.

Informação quântica
A ciência da informação quântica desenvolveu-se nas últimas décadas do século XX, começando com resultados teóricos como o teorema de Holevo, o conceito de medições generalizadas ou POVM, a proposta de distribuição de chaves quânticas de Bennett e Brassard e o algoritmo de Shor. O eletromagnetismo clássico é resumido pelas leis da ação dos

campos eléctricos e magnéticos sobre cargas eléctricas e sobre ímanes e por quatro equações notáveis formuladas na última parte do século XIX pelo físico escocês James Clerk Maxwell. Estas últimas equações descrevem a forma como cargas e correntes eléctricas produzem campos eléctricos e magnéticos, bem como a forma como campos magnéticos variáveis produzem campos eléctricos e vice-versa. A partir destas relações, Maxwell deduziu a existência de ondas electromagnéticas - campos eléctricos e magnéticos associados no espaço, separados das cargas que os criaram, viajando à velocidade da luz e dotados de propriedades "mecânicas" como a energia, o momento e o momento angular. A luz a que o olho humano é sensível é apenas um pequeno segmento de um espetro eletromagnético que se estende desde as ondas de rádio de comprimento de onda longo até aos raios gama de comprimento de onda curto e inclui os raios X, as micro-ondas e a radiação infravermelha (ou calor).

Ótica
Grelha de difração
Espectro da luz branca através de uma grelha de difração. Com um prisma, a extremidade vermelha do espetro é mais comprimida do que a extremidade violeta.
Dado que a luz é constituída por ondas electromagnéticas, a propagação da luz pode ser considerada como um ramo do eletromagnetismo. No entanto, é geralmente tratada como uma disciplina separada, designada por ótica: a parte que trata do traçado dos raios de luz é conhecida por ótica geométrica, enquanto a parte que trata dos fenómenos ondulatórios característicos da luz é designada por ótica física. Mais recentemente, desenvolveu-se um novo e vital ramo, a ótica quântica, que se ocupa da teoria e da aplicação do laser, um dispositivo que produz um intenso feixe coerente de radiação unidirecional útil para muitas aplicações.

Física e Direito Natural
A formação de imagens por lentes, microscópios, telescópios e outros dispositivos ópticos é descrita pela ótica de raios, que assume que a passagem da luz pode ser representada por linhas rectas, ou seja, raios. No entanto, os efeitos mais subtis atribuíveis à propriedade ondulatória da luz visível requerem explicações de ótica física. Um efeito ondulatório básico é a interferência, segundo a qual duas ondas presentes numa região do espaço se combinam em determinados pontos para produzir um efeito resultante melhorado (por exemplo, as cristas das ondas componentes somam-se); no outro extremo, as duas ondas podem anular-se mutuamente, as cristas de uma onda preenchendo os vales da outra. Outro efeito de onda é a difração, que faz com que a luz se espalhe em regiões de sombra geométrica e faz com que a imagem produzida por qualquer

dispositivo ótico seja difusa num grau que depende do comprimento de onda da luz. Os instrumentos ópticos, como o interferómetro e a grelha de difração, podem ser utilizados para medir com precisão o comprimento de onda da luz (cerca de 500 micrómetros) e para medir distâncias até uma pequena fração desse comprimento.

Física atómica e química
Experiência Millikan da gota de óleo
Entre 1909 e 1910, o físico americano Robert Millikan realizou uma série de experiências com gotas de óleo. Comparando a força eléctrica aplicada com as alterações no movimento das gotas de óleo, foi capaz de determinar a carga eléctrica de cada gota. Descobriu que todas as gotas tinham cargas que eram múltiplos simples de um único número, a carga fundamental do eletrão.

Experiência de Millikan com gotas de óleo.
Uma das grandes conquistas do século XX foi o estabelecimento da validade da hipótese atómica, proposta pela primeira vez na Antiguidade, segundo a qual a matéria é constituída por relativamente poucos tipos de pequenas partes idênticas - nomeadamente, os átomos. No entanto, ao contrário do átomo indivisível de Demócrito e de outros antigos, o átomo, tal como é concebido hoje, pode ser separado em electrões e núcleo constituintes. Os átomos combinam-se para formar moléculas, cuja estrutura é estudada pela química e pela físico-química; formam também outros tipos de compostos, como os cristais, estudados no domínio da física da matéria condensada. Estas disciplinas estudam os atributos mais importantes da matéria (não excluindo a matéria biológica) que se encontram na experiência normal - nomeadamente, aqueles que dependem quase inteiramente das partes exteriores da estrutura eletrónica dos átomos. Apenas a massa do núcleo atómico e a sua carga, que é igual à carga total dos electrões no átomo neutro, afectam as propriedades químicas e físicas da matéria.
Embora existam algumas analogias entre o sistema solar e o átomo, devido ao facto de as forças gravitacionais e electrostáticas diminuírem com o inverso do quadrado da distância, as formas clássicas do eletromagnetismo e da mecânica falham quando aplicadas a constituintes atómicos minúsculos e em rápido movimento. A estrutura atómica só é compreensível com base na mecânica quântica, e os seus pormenores mais finos requerem também a utilização da eletrodinâmica quântica (QED).
As propriedades atómicas são inferidas principalmente através da utilização de experiências indirectas. A espetroscopia, que se ocupa da medição e da interpretação das radiações electromagnéticas emitidas ou absorvidas pelos materiais, é a mais importante. Estas radiações têm um carácter distintivo, que a mecânica quântica relaciona quantitativamente

com as estruturas que as produzem e absorvem. É verdadeiramente notável que estas estruturas sejam, em princípio, e muitas vezes na prática, passíveis de um cálculo preciso em termos de algumas constantes físicas básicas: a massa e a carga do eletrão, a velocidade da luz e a constante de Planck (aproximadamente $6,62606957 \times 10^{-34}$ joule·segundo), e a constante fundamental da teoria quântica que recebeu o nome do físico alemão Max Planck.

Física da matéria condensada
Transístor
O primeiro transístor, inventado pelos físicos americanos John Bardeen, Walter H. Brattain e William B. Shockley.
Este campo, que trata das propriedades térmicas, elásticas, eléctricas, magnéticas e ópticas das substâncias sólidas e líquidas, cresceu a um ritmo explosivo na segunda metade do século XX e obteve numerosas realizações científicas e técnicas importantes, incluindo o transístor. Entre os materiais sólidos, os maiores avanços teóricos registaram-se no estudo dos materiais cristalinos, cujos conjuntos geométricos simples e repetitivos de átomos são sistemas de partículas múltiplas que permitem o tratamento pela mecânica quântica. Uma vez que os átomos de um sólido estão coordenados entre si ao longo de grandes distâncias, a teoria deve ir mais além do que a apropriada para átomos e moléculas. Assim, os condutores, como os metais, contêm alguns dos chamados electrões livres, ou electrões de valência, que são responsáveis pela condutividade eléctrica e pela maior parte da condutividade térmica do material e que pertencem coletivamente a todo o sólido e não a átomos individuais. Os semicondutores e os isoladores, cristalinos ou amorfos, são outros materiais estudados neste domínio da física.
As nossas intuições estão sintonizadas com a física clássica - o conjunto de leis e equações físicas que regem o comportamento dos objectos comuns. Por exemplo, as chaves do carro ficam normalmente onde as colocámos há uma hora e não voltam a aparecer no frigorífico. É possível planear um conjunto na noite anterior porque as roupas não mudam de cor no armário. E, apesar do batedor, uma bola de basebol bem lançada chega normalmente à luva do apanhador e não a outro estádio.
O mundo da física clássica é previsível a um nível incrível: Se soubermos a localização inicial e a velocidade de um objeto, bem como as forças que actuam sobre ele, podemos prever o seu movimento futuro com uma certeza quase perfeita. É assim que a NASA consegue colocar uma nave espacial num local preciso a mil milhões de quilómetros de distância.
No mundo quântico, as nossas intuições sobre a natureza tornam-se menos fiáveis. Por um lado, os objectos quânticos não têm movimentos perfeitamente previsíveis - nem mesmo em princípio. Uma nave espacial quântica não seguiria um único caminho. Em vez disso, agiria como se

estivesse a seguir muitos caminhos diferentes. Assim, embora a NASA possa acompanhar o caminho exato percorrido por uma nave espacial normal na sua viagem, não teria a mesma sorte com uma nave quântica. O melhor que podem fazer é lançá-la e depois utilizar a física quântica para calcular a probabilidade de a nave espacial chegar a um determinado ponto num determinado momento.

A física quântica é assim escorregadia. A posição ou a velocidade de um objeto quântico pode existir como uma combinação de possibilidades até o medirmos - isto é, até observarmos a sua localização ou a velocidade a que se desloca. Quando isso acontece, a combinação desaparece e a posição ou a velocidade podem assumir valores definidos. Mas, com o passar do tempo, esses valores tendem a tornar-se novamente incertos.

Esta incerteza inata - e as probabilidades que a acompanham - são características fundamentais da física quântica. Mas há outras coisas que distinguem o mundo quântico do mundo clássico.

Uma delas é ilustrada pela diferença entre uma rampa e uma escada. Numa rampa, todos os pontos do percurso são passíveis de uma pausa para respirar. Mas no mundo quântico algumas propriedades só podem ter valores particulares, como se estivessem restritas aos degraus de uma escada. Pode estar no degrau 2, 3 ou 4 - e mesmo com os pés em dois degraus diferentes - mas não pode estar no degrau 2.67 ou 4.29. Os cientistas chamam a cada um destes degraus discretos um "quantum", da palavra latina para "quanto", e dizem que as propriedades quânticas com esta estrutura em escada são "quantizadas". No mundo quântico, a energia torna-se uma destas propriedades quantizadas. Para algo grande e clássico, como um gato, existe um contínuo de energias possíveis, em forma de rampa. Mas para coisas minúsculas e quânticas, como os átomos que compõem o gato, existe uma escada de valores permitidos.

Esta escada é o que dá a cada elemento da tabela periódica a sua própria estrutura distinta, com um conjunto único de alturas entre cada degrau de energia - a distância entre degraus num átomo de sódio é diferente da de um átomo de néon ou de um átomo de oxigénio ou de qualquer outro elemento. A física quântica prevê estes padrões, que explicam as diferentes propriedades químicas e físicas de todos os elementos. De facto, quando um átomo ganha exatamente a quantidade certa de energia - nem mais, nem menos - um dos seus electrões pode subir a escada para uma energia mais elevada. Eventualmente, esse eletrão cairá de novo, libertando a energia sob a forma de um feixe de luz - também conhecido como fotão. A cor do fotão depende da distância a que o eletrão cai, o que significa que diferentes elementos brilharão com cores diferentes. Os cientistas podem usar estas cores distintas como impressões digitais luminosas para identificar elementos à distância, permitindo-lhes determinar a composição de estrelas ou galáxias distantes.

A quantização é apenas uma das características do mundo quântico que colide com a nossa intuição. Há muitas outras, incluindo a dualidade onda-partícula, o emaranhamento, o princípio da incerteza e o spin - todas elas com os seus próprios aspectos contra-intuitivos. Mas embora estas características possam ser difíceis de compreender, o seu poder de previsão é difícil de negar: Juntas, elas formam o que é, sem dúvida, a descrição mais bem testada da natureza que a ciência já produziu.

A física insere-se numa categoria mais vasta de ciências. A ciência está dividida em três domínios: biologia, física e química. O principal objetivo destas disciplinas é estudar e tentar compreender o universo e tudo o que nele existe.

O que é a física?

A física é o ramo da ciência que se ocupa da matéria e da sua relação com a energia.

Envolve o estudo dos fenómenos físicos e naturais que nos rodeiam. Exemplos destes fenómenos são a formação do arco-íris, a ocorrência de eclipses, a queda de coisas de cima para baixo, a causa do pôr e do nascer do sol, a formação de sombras e muitos outros.

A disciplina de Física divide-se em seis grandes ramos, como se indica a seguir.

i) Mecânica

Este ramo trata essencialmente dos movimentos sob a influência de forças. Neste ramo, analisamos em pormenor os aspectos dos movimentos lineares, circulares e oscilatórios, bem como o movimento dos fluidos

ii) Ótica Geométrica

Este ramo analisa de forma aprofundada o comportamento da luz em diversos   meios.

iii) Eletricidade e magnetismo

Este ramo estuda a interação entre campos eléctricos e campos magnéticos e   as   aplicações   dessas   interacções.

iv) Termodinâmica

Este ramo analisa a forma como o calor, enquanto forma de energia, é transformado de/para outras formas de energia.

v) Física atómica

Esta área de estudo está direccionada para o comportamento das partículas do núcleo e para as mudanças de energia que o acompanham.

vi) Ondas

Trata-se do estudo da propagação da energia através do espaço.

Relação entre a física e as outras disciplinas
A Física não se relaciona apenas com as outras duas disciplinas científicas, mas também com outras disciplinas.
1.   **Física e Matemática**
A física relaciona-se fortemente com a matemática, muitos conceitos da física são expressos matematicamente. Muitas fórmulas da física são expressas matematicamente.

2.   **Física e Biologia**
O conhecimento das lentes em física é utilizado no fabrico do microscópio utilizado no estudo das células em biologia. O conhecimento das alavancas ajuda a explicar a locomoção em Biologia.

3.   **Física e Química.**
A física ajudou a explicar as forças no interior dos átomos e, por conseguinte, a estrutura atómica. É esta estrutura do átomo que determina a reatividade do átomo, como se explica na química.

4. Física e religião
A ordem dos sistemas no universo pode ser atribuída ao Criador. Muitas maravilhas da criação incluem a expansão anómala da água, o arco-íris.

5. Física e Geografia
A utilização correcta de instrumentos e de conceitos de física permite estabelecer padrões meteorológicos e explicar a formação da precipitação e as variações de pressão. A utilização das propriedades magnéticas da pedra calcária e de outros materiais ajuda os navegadores a determinar a direção.

6. Física e tecnologia.
Algumas áreas da tecnologia que requerem conhecimentos de física são:

Em medicina.
Os raios X, os lasers e os scanners, que são aplicações da física, são utilizados no diagnóstico e no tratamento de doenças.

Comunicação
A comunicação por satélite, a Internet e a fibra ótica são aplicações da Internet que requerem uma base sólida em física.

Em aplicações industriais

No domínio da defesa, a física tem muitas aplicações, por exemplo, aviões de guerra, bombas guiadas por laser que têm uma precisão de alto nível.

Na indústria do arrastamento, o conhecimento da física é utilizado na mistura de várias cores para obter os efeitos de palco desejados

A física utiliza o método científico para ajudar a descobrir os princípios básicos que regem a luz e a matéria, e para descobrir as implicações dessas leis. Parte do princípio de que existem regras segundo as quais o universo funciona e que essas leis podem ser, pelo menos parcialmente, compreendidas pelos seres humanos. Acredita-se também que essas leis poderiam ser usadas para prever tudo sobre o futuro do Universo, se houvesse informação completa sobre o estado atual de toda a luz e matéria. A matéria é geralmente considerada como tudo o que tem massa e volume. Muitos conceitos que fazem parte do estudo da física clássica envolvem teorias e leis que explicam a matéria e o seu movimento. A lei da conservação da massa, por exemplo, afirma que a massa não pode ser criada ou destruída. Por conseguinte, as experiências e os cálculos em física têm em conta esta lei ao formularem hipóteses para tentar explicar os fenómenos naturais.

A física tem como objetivo descrever o funcionamento de tudo o que nos rodeia, desde o movimento de pequenas partículas carregadas até ao movimento de pessoas, carros e naves espaciais. De facto, quase tudo à nossa volta pode ser descrito com bastante precisão pelas leis da física. Considere um telemóvel inteligente; a física descreve a forma como a eletricidade interage com os vários circuitos no interior do dispositivo. Este conhecimento ajuda os engenheiros a selecionar os materiais adequados e a disposição dos circuitos quando constroem o telemóvel inteligente. Em seguida, considere um sistema GPS; a física descreve a relação entre as velocidades de um objeto, a distância que percorre e o tempo que demora a percorrer essa distância. Quando se utiliza um dispositivo GPS num veículo, este utiliza estas equações da física para determinar o tempo de viagem de um local para outro. O estudo da física é capaz de dar contributos significativos através de avanços em novas tecnologias que resultam de descobertas teóricas.

O universo físico é extremamente complexo nos seus pormenores. Todos os dias, cada um de nós observa uma grande variedade de objectos e fenómenos. Ao longo dos séculos, a curiosidade da raça humana levou-nos a explorar e catalogar coletivamente uma enorme riqueza de informação. Do voo dos pássaros às cores das flores, dos relâmpagos à gravidade, dos quarks aos aglomerados de galáxias, do fluir do tempo ao mistério da criação do universo, temos feito perguntas e reunido enormes conjuntos de factos. Perante todos estes pormenores, descobrimos que um conjunto surpreendentemente pequeno e unificado de leis físicas pode explicar o que observamos. Como seres humanos, fazemos generalizações e procuramos a ordem. Descobrimos que a natureza é notavelmente cooperativa - exibe a *ordem e a simplicidade subjacentes* que tanto valorizamos.

É a ordem subjacente da natureza que torna a ciência em geral, e a física em particular, tão agradável de estudar. Por exemplo, o que é que um saco de batatas fritas e uma bateria de automóvel têm em comum? Ambos contêm energia que pode ser convertida noutras formas. A lei da conservação da energia (que diz que a energia pode mudar de forma mas nunca se perde) liga temas como as calorias dos alimentos, as pilhas, o calor, a luz e as molas dos relógios. Compreender esta lei torna mais fácil aprender sobre as várias formas que a energia assume e como se relacionam umas com as outras. Tópicos aparentemente não relacionados são ligados através de leis físicas amplamente aplicáveis, permitindo uma compreensão que vai para além da mera memorização de listas de factos. O aspeto unificador das leis físicas e a simplicidade básica da natureza constituem os temas subjacentes a este texto. Ao aprender a aplicar estas leis, irá, naturalmente, estudar os tópicos mais importantes da física. Mais importante ainda, ganhará capacidades analíticas que lhe permitirão aplicar estas leis muito para além do que pode ser incluído num único livro. Estas capacidades analíticas ajudá-lo-ão a destacar-se academicamente e também a pensar de forma crítica em qualquer carreira profissional que escolha seguir. Este módulo discute o domínio da física (para definir o que é a física), algumas aplicações da física (para ilustrar a sua relevância para outras disciplinas) e, mais precisamente, o que constitui uma lei física (para iluminar a importância da experimentação para a teoria).

A ciência e o domínio da física

A ciência consiste nas teorias e leis que são as verdades gerais da natureza, bem como no corpo de conhecimentos que elas abrangem. Os cientistas estão continuamente a tentar expandir este corpo de conhecimentos e a aperfeiçoar a expressão das leis que o descrevem. A Física preocupa-se em descrever as interacções da energia, da matéria, do espaço e do tempo e está especialmente interessada nos mecanismos fundamentais subjacentes a cada fenómeno. A preocupação de descrever os fenómenos básicos da natureza define essencialmente o domínio da física.

A física tem como objetivo descrever o funcionamento de tudo o que nos rodeia, desde o movimento de pequenas partículas carregadas até ao movimento de pessoas, carros e naves espaciais. De facto, quase tudo à nossa volta pode ser descrito com bastante precisão pelas leis da física. Considere um telemóvel inteligente. A física descreve a forma como a eletricidade interage com os vários circuitos no interior do dispositivo. Este conhecimento ajuda os engenheiros a selecionar os materiais adequados e a disposição dos circuitos quando constroem o telemóvel inteligente. De seguida, considere um sistema GPS. A física descreve a relação entre a velocidade de um objeto, a distância percorrida e o tempo necessário para percorrer essa distância. O GPS baseia-se em cálculos precisos que têm em conta as variações nas paisagens da Terra, a distância exacta entre os satélites em órbita e até o efeito de uma ocorrência complexa de dilatação do tempo. A maioria destes cálculos baseia-se em algoritmos desenvolvidos por Gladys West, uma matemática e cientista informática que programou os primeiros computadores capazes de efetuar uma deteção e posicionamento remotos altamente precisos. Quando se utiliza um dispositivo GPS, este utiliza estes algoritmos para reconhecer onde se está e como a sua posição se relaciona com outros objectos na Terra.

Não é necessário ser um cientista para utilizar a física. Pelo contrário, o conhecimento da física é útil em situações do quotidiano, bem como em profissões não científicas. Pode ajudá-lo a compreender como funcionam os fornos de micro-ondas, porque é que os metais não devem ser colocados neles e porque é que podem afetar os pacemakers. A Física permite-lhe compreender os perigos da radiação e avaliar racionalmente esses perigos com mais facilidade. A física também explica a razão pela qual um radiador preto de um carro ajuda a remover o calor do motor e explica porque é que um telhado branco ajuda a manter o interior de uma casa fresco. Do mesmo modo, o funcionamento do sistema de ignição de um automóvel, bem como a transmissão de sinais eléctricos através do sistema nervoso do nosso corpo, são muito mais fáceis de compreender quando se pensa neles em termos de física básica.

A física é a base de muitas disciplinas importantes e contribui diretamente para outras. A química, por exemplo - uma vez que lida com as interacções de átomos e moléculas - tem as suas raízes na física atómica e molecular. A maior parte dos ramos da engenharia são físicos aplicados. Na arquitetura, a física está no centro da estabilidade estrutural e está envolvida na acústica, aquecimento, iluminação e arrefecimento dos edifícios. Partes da geologia dependem fortemente da física, como a datação radioactiva de rochas, a análise de sismos e a transferência de calor na Terra. Algumas disciplinas, como a biofísica e a geofísica, são híbridos de física e de outras disciplinas.

A física tem muitas aplicações nas ciências biológicas. Ao nível microscópico, ajuda a descrever as propriedades das paredes e membranas celulares. A nível macroscópico, pode explicar o calor, o trabalho e a potência associados ao corpo humano. A física está envolvida em diagnósticos médicos, como os raios X, a ressonância magnética (MRI) e as medições ultra-sónicas do fluxo sanguíneo. Por vezes, a terapia médica envolve diretamente a física; por exemplo, a radioterapia do cancro utiliza radiação ionizante. A física também pode explicar fenómenos sensoriais, como a forma como os instrumentos musicais produzem som, como o olho detecta a cor e como os lasers podem transmitir informação.

Não é necessário estudar formalmente todas as aplicações da física. O que é mais útil é o conhecimento das leis básicas da física e a competência nos métodos analíticos para as aplicar. O estudo da física também pode melhorar a capacidade de resolução de problemas. Além disso, a física conservou os aspectos mais básicos da ciência, pelo que é utilizada por todas as ciências e o estudo da física facilita a compreensão das outras ciências.

Modelos, teorias e leis; o papel da experimentação
As leis da natureza são descrições concisas do universo que nos rodeia; são declarações humanas das leis ou regras subjacentes que todos os processos naturais seguem. Essas leis são intrínsecas ao universo; os seres humanos não as criaram e, por isso, não as podem alterar. Só podemos descobri-las e compreendê-las. A sua descoberta é um esforço muito humano, com todos os elementos de mistério, imaginação, luta, triunfo e desilusão inerentes a qualquer esforço criativo. A pedra angular da descoberta das leis naturais é a observação; a ciência deve descrever o universo tal como ele é, e não como nós o imaginamos.

Todos nós somos curiosos até certo ponto. Olhamos à nossa volta, fazemos generalizações e tentamos compreender o que vemos - por exemplo, olhamos para cima e perguntamo-nos se um tipo de nuvem assinala uma tempestade que se aproxima. À medida que levamos a sério a exploração da natureza, tornamo-nos mais organizados e formais na recolha e análise de dados. Tentamos uma maior precisão, realizamos experiências controladas (se pudermos) e escrevemos ideias sobre como os dados podem ser organizados e unificados. Em seguida, formulamos modelos, teorias e leis com base nos dados que recolhemos e analisámos para generalizar e comunicar os resultados dessas experiências.

Um modelo é uma representação de algo que é frequentemente demasiado difícil (ou impossível) de mostrar diretamente. Embora um modelo seja justificado com provas experimentais, só é exato em situações limitadas. Um exemplo é o modelo planetário do átomo, no qual os electrões são representados como orbitando o núcleo, de forma análoga à forma como os planetas orbitam o Sol. Não podemos observar diretamente as órbitas dos electrões, mas a imagem mental ajuda a explicar as observações que podemos fazer, como a emissão de luz de gases quentes (espectros atómicos). Os físicos utilizam modelos para uma variedade de objectivos. Por exemplo, os modelos podem ajudar os físicos a analisar um cenário e a efetuar um cálculo, ou podem ser utilizados para representar uma situação sob a forma de uma simulação em computador. Uma teoria é uma explicação para padrões na natureza que é apoiada por provas científicas e verificada várias vezes por vários grupos de investigadores. Algumas teorias incluem modelos para ajudar a visualizar os fenómenos, enquanto outras não. A teoria da gravidade de Newton, por exemplo, não requer um modelo ou imagem mental, porque podemos observar os objectos diretamente com os nossos próprios sentidos. A teoria cinética dos gases, por outro lado, é um modelo em que um gás é visto como sendo composto por átomos e moléculas. Os átomos e as moléculas são demasiado pequenos para serem observados diretamente com os nossos sentidos - por isso, imaginamo-los mentalmente para compreender o que os nossos instrumentos nos dizem sobre o comportamento dos gases.

Uma lei utiliza uma linguagem concisa para descrever um padrão generalizado na natureza que é apoiado por provas científicas e experiências repetidas. Muitas vezes, uma lei pode ser expressa sob a forma de uma única equação matemática. As leis e as teorias são semelhantes no sentido em que ambas são afirmações científicas que resultam de uma hipótese testada e são apoiadas por provas científicas. No entanto, a designação *lei* é reservada para uma afirmação concisa e muito geral que descreve fenómenos da natureza, como a lei da conservação da energia durante qualquer processo ou a segunda lei do movimento de Newton, que relaciona força, massa e aceleração através da simples equação **F=ma**. Uma teoria, pelo contrário, é uma declaração menos concisa dos fenómenos observados. Por exemplo, a Teoria da Evolução e a Teoria da Relatividade não podem ser expressas de forma suficientemente concisa para serem consideradas uma lei. A maior diferença entre uma lei e uma teoria é que uma teoria é muito mais complexa e dinâmica. Uma lei descreve uma única ação, enquanto uma teoria explica todo um grupo de fenómenos relacionados. E, enquanto uma lei é um postulado que constitui a base do método científico, uma teoria é o resultado final desse processo.

As afirmações de aplicação menos alargada são normalmente designadas por princípios (como o princípio de Pascal, que é aplicável apenas aos fluidos), mas a distinção entre leis e princípios não é frequentemente feita com cuidado.

Os modelos, teorias e leis que concebemos *implicam por* vezes *a existência de objectos ou fenómenos ainda não observados.* Estas previsões são triunfos notáveis e tributos ao poder da ciência. É a ordem subjacente no universo que permite aos cientistas fazer previsões tão espectaculares. No entanto, se a *experiência* não verificar as nossas previsões, então a teoria ou lei está errada, por mais elegante ou conveniente que seja. As leis nunca podem ser conhecidas com certeza absoluta porque é impossível efetuar todas as experiências imagináveis para confirmar uma lei em todos os cenários possíveis. Os físicos partem do princípio de que todas as leis e teorias científicas são válidas até que seja observado um contra-exemplo. Se uma experiência verificável e de boa qualidade contradiz uma lei bem estabelecida, então a lei deve ser modificada ou completamente derrubada.

O estudo da ciência em geral e da física em particular é uma aventura muito semelhante à exploração de um oceano desconhecido. São feitas descobertas; são formulados modelos, teorias e leis; e a beleza do universo físico torna-se mais sublime com os conhecimentos adquiridos.

Ibn al-Haytham (por vezes referido como Alhazen), um cientista do século X-XI que trabalhou no Cairo, fez avançar significativamente a compreensão da ótica e da visão. Mas os seus contributos vão muito mais longe. Ao demonstrar que as abordagens anteriores eram incorrectas, sublinhou que os cientistas devem estar preparados para rejeitar o conhecimento existente e tornar-se "inimigos" de tudo o que lêem; afirmou que os cientistas devem confiar apenas em provas objectivas. Al-Haytham enfatizou a experimentação e validação repetidas e reconheceu que os sentidos e a predisposição podiam levar a conclusões erradas. O seu trabalho foi um precursor do método científico que utilizamos atualmente.

Quando os cientistas investigam e recolhem informações sobre o mundo, seguem um processo designado por método científico. Este processo começa normalmente com uma observação e uma pergunta que o cientista vai investigar. De seguida, o cientista efectua alguma pesquisa sobre o tema e elabora uma hipótese. Depois, o cientista testa a hipótese através de uma experiência. Finalmente, o cientista analisa os resultados da experiência e tira uma conclusão. Note-se que o método científico pode ser aplicado a muitas situações que não se limitam à ciência, e este método pode ser modificado para se adequar à situação.

Veja um exemplo. Digamos que tenta ligar o seu carro, mas ele não pega. Sem dúvida que se interroga: Porque é que o carro não pega? Pode seguir um método científico para responder a esta pergunta. Em primeiro lugar, pode efetuar alguma pesquisa para determinar uma variedade de razões pelas quais o carro não pega. De seguida, deve formular uma hipótese. Por exemplo, pode pensar que o carro não pega porque não tem óleo no motor. Para testar esta hipótese, abre o capot do carro e examina o nível do óleo. Observa que o óleo está num nível aceitável e conclui que o nível de óleo não está a contribuir para o problema do carro. Para continuar a resolver o problema, pode conceber uma nova hipótese para testar e, em seguida, repetir o processo novamente.

A evolução da filosofia natural para a física moderna

A física nem sempre foi uma disciplina separada e distinta. Continua ligada a outras ciências até aos dias de hoje. A palavra *física* vem do grego, que significa natureza. O estudo da natureza passou a ser designado por "filosofia natural". Desde a Antiguidade até ao Renascimento, a filosofia natural abrangeu muitos domínios, incluindo a astronomia, a biologia, a química, a física, a matemática e a medicina. Ao longo dos últimos séculos, o crescimento do conhecimento resultou numa especialização cada vez maior e na ramificação da filosofia natural em campos separados, com a física a manter as facetas mais básicas. A física, tal como se desenvolveu desde o Renascimento até ao final do século XIX, é designada por física clássica. Foi transformada em física moderna pelas descobertas revolucionárias efectuadas a partir do início do século XX.

A física clássica não é uma descrição exacta do universo, mas é uma excelente aproximação sob as seguintes condições: A matéria deve mover-se a velocidades inferiores a cerca de 1% da velocidade da luz, os objectos tratados devem ser suficientemente grandes para serem vistos com um microscópio e só podem estar envolvidos campos gravitacionais fracos, como o campo gerado pela Terra. Porque os seres humanos vivem nestas circunstâncias, a física clássica parece intuitivamente razoável, enquanto muitos aspectos da física moderna parecem bizarros. É por esta razão que os modelos são tão úteis na física moderna - permitem-nos concetualizar fenómenos que normalmente não experimentamos. Podemos relacionar-nos com os modelos em termos humanos e visualizar o que acontece quando os objectos se movem a alta velocidade ou imaginar como seriam objectos demasiado pequenos para serem observados pelos nossos sentidos. Por exemplo, podemos compreender as propriedades de um átomo porque o podemos imaginar na nossa mente, embora nunca tenhamos visto um átomo com os nossos olhos. É claro que os novos instrumentos permitem-nos visualizar melhor os fenómenos que não podemos ver. De facto, nos últimos anos, novos instrumentos permitiram-nos "imaginar" o átomo.

Alguns dos avanços mais espectaculares da ciência foram feitos na física moderna. Muitas das leis da física clássica foram modificadas ou rejeitadas, o que resultou em mudanças revolucionárias na tecnologia, na sociedade e na nossa visão do universo. Tal como a ficção científica, a física moderna está repleta de objectos fascinantes que ultrapassam as nossas experiências normais, mas tem a vantagem, em relação à ficção científica, de ser muito real. Por que razão, então, a maior parte deste texto é dedicada a tópicos de física clássica? Há duas razões principais: A física clássica dá uma descrição extremamente precisa do universo numa vasta gama de circunstâncias do quotidiano e o conhecimento da física clássica é necessário para compreender a física moderna.

A física moderna é constituída por duas teorias revolucionárias, a relatividade e a mecânica quântica. Estas teorias lidam com o muito rápido e o muito pequeno, respetivamente. A relatividade deve ser utilizada sempre que um objeto viaja a uma velocidade superior a cerca de 1% da velocidade da luz ou experimenta um campo gravitacional forte, como o que existe perto do Sol. A mecânica quântica deve ser utilizada para objectos mais pequenos do que os que podem ser vistos com um microscópio. A combinação destas duas teorias é a *mecânica quântica relativista,* que descreve o comportamento de pequenos objectos que viajam a altas velocidades ou que experimentam um forte campo gravitacional. A mecânica quântica relativista é a melhor teoria universalmente aplicável que temos. Devido à sua complexidade matemática, é utilizada apenas quando necessário, e as outras teorias são utilizadas sempre que produzem resultados suficientemente exactos. Veremos, no entanto, que podemos fazer uma grande parte da física moderna com a álgebra e a trigonometria utilizadas neste texto.

Teoria quântica da luz - Explicação pormenorizada
Muitas teorias foram propostas antes da descoberta efectiva dos efeitos da luz. Embora a luz exista desde a existência do sol, os efeitos da luz só foram descobertos muito mais tarde. Estas teorias explicam as propriedades da luz e a forma como esta se transmite. Algumas das teorias mais populares sobre a luz são apresentadas de seguida.

Teoria corpuscular: Esta teoria foi dada no século XVII por Sir Isaac Newton, que afirma que a luz emitida por objectos luminosos é constituída por minúsculas partículas de matéria chamadas corpúsculos. Quando este corpúsculo atinge a superfície, cada partícula é reflectida de volta. A teoria afirma que a velocidade da luz varia com a alteração da densidade do meio. Esta teoria pode explicar três fenómenos principais da luz: a reflexão, a refração e a propagação rectilínea da luz.

Teoria das ondas: Esta teoria foi descoberta por Christian Huygens no século XVII. Afirma que a luz é emitida numa série de ondas que se propagam a partir de uma fonte de luz em todas as direcções. Estas ondas não são afectadas pela gravidade. De acordo com esta teoria, as ondas de luz são mecânicas e transversais por natureza. Esta teoria explica com sucesso os fenómenos de reflexão, refração, interferência e difração da luz.
De acordo com a teoria de Newton, a luz que viaja do ar para a água aumenta a velocidade, enquanto a luz que entra do ar para a água diminui a velocidade. Huygens discordou da teoria de Newton e afirmou que a luz que viaja do ar para a água diminui a velocidade e vice-versa. Mais tarde, provou-se que a teoria de Huygens estava correcta. Cerca de 100 anos mais tarde, Thomas Young refutou completamente a teoria corpuscular ao demonstrar que as ondas de luz podem interferir umas com as outras.

Teoria da onda electromagnética: Esta teoria foi descoberta no século XIX por James Maxwell, que propôs que as ondas de luz não necessitam de qualquer meio de transmissão. As ondas de luz possuem propriedades eléctricas e magnéticas e podem viajar através do vácuo. Em qualquer instante de tempo, os campos eléctricos e magnéticos são perpendiculares entre si e também perpendiculares à direção da luz. A onda electromagnética é uma onda transversal. Em todos os pontos da onda, num dado instante de tempo, as intensidades dos campos elétrico e magnético são iguais. A velocidade das ondas depende das propriedades eléctricas e magnéticas do meio.

Teoria Quântica: A teoria quântica da luz foi proposta por Einstein, que afirma que a luz viaja em feixes de energia, e cada feixe é conhecido como um fotão. Cada fotão transporta uma quantidade de energia igual ao produto da frequência de vibração desse fotão e da constante de Planck.

Teoria ondulatória da luz

A difração e a interferência são alguns dos comportamentos das ondas. Maxwell propôs que a luz é uma onda electromagnética que viaja à velocidade da luz através do espaço. A frequência da luz está relacionada com o seu comprimento de onda de acordo com a seguinte relação.

Comportamento das partículas de luz

Na experiência fotoeléctrica, o eletrão é emitido pelo metal com uma determinada energia cinética. Existe uma frequência crítica para cada metal, abaixo da qual não são emitidos electrões. Isto descreve que a energia cinética é igual à frequência da luz vezes uma constante, conhecida como constante de Planck.

$$E photon = hv$$

Dualidade onda-partícula da luz

A teoria quântica da luz foi dada por Einstein, que descreve a matéria, e a luz consiste em partículas minúsculas que têm propriedades de ondas associadas a elas. A luz é constituída por partículas conhecidas como fotões e a matéria é constituída por partículas chamadas protões, electrões e neutrões. Quando todas as teorias são reunidas, pode concluir-se que a luz é uma partícula com comportamento ondulatório. Assim, a luz tem uma natureza dupla.

Bases da física moderna sobre a teoria quântica da luz

A física moderna baseia-se inteiramente na teoria quântica, uma vez que esta explica a natureza e o comportamento da matéria e da energia aos níveis atómico e subatómico. A física quântica e a mecânica quântica são termos utilizados para descrever a natureza e o comportamento da matéria e da energia a esse nível. A computação quântica, que utiliza a teoria quântica para aumentar drasticamente as capacidades de computação para além do que é concebível com os computadores clássicos actuais, atraiu importantes financiamentos de vários países. A Sociedade Alemã de Física aceitou a teoria quântica do físico Max Planck em 1900. Planck queria saber porque é que, quando a temperatura de um corpo incandescente aumenta, a cor da sua radiação muda de vermelho para laranja e para azul. Descobriu a solução para a sua questão supondo que a energia existia em unidades discretas, à semelhança da matéria, e não apenas como uma onda electromagnética constante, como se supunha anteriormente, sendo assim quantificável. A teoria quântica começou com a existência dessas unidades como sua primeira premissa. Para exprimir estas unidades discretas de energia, Planck concebeu uma equação matemática que incluía um número, a que chamou quanta. Planck descobriu que, em certos níveis discretos de temperatura (múltiplos precisos de um valor mínimo de base), a energia de um corpo luminoso ocupará diferentes secções do espetro de cores, como explica a equação. Planck previa que a descoberta dos quanta conduziria ao desenvolvimento de uma teoria, mas a sua própria existência implicava uma compreensão fundamentalmente nova e básica dos princípios da natureza. Em 1918, Planck recebeu o Prémio Nobel da Física pela sua teoria, mas durante os trinta anos seguintes, numerosos cientistas contribuíram para o conhecimento contemporâneo da teoria quântica.

Teoria Quântica: Um ramo da física que evoluiu
Enquanto a teoria da relatividade de Albert Einstein foi essencialmente o resultado dos seus esforços, a teoria quântica foi produzida ao longo de trinta anos por uma equipa de especialistas. Max Planck propôs que as energias de qualquer oscilador harmónico, como os átomos num radiador de corpo negro, estão limitadas a valores particulares, cada um dos quais é um múltiplo integral (número inteiro) de um valor básico mínimo, na sua explicação da radiação do corpo negro em 1900.

A energia E deste quantum fundamental é proporcional à frequência v do oscilador, ou E=h, onde h é uma constante, atualmente conhecida como constante de Planck, com um valor de 6,626071034 joule-segundo. Einstein argumentou em 1905 que a radiação é quantizada usando a mesma fórmula e utilizou esta nova teoria para explicar o efeito fotoelétrico. Após a descoberta do átomo nuclear por Rutherford em 1911, Bohr utilizou a teoria quântica para explicar a estrutura atómica e os espectros atómicos em 1913, demonstrando a ligação entre os níveis de energia dos electrões e as frequências da luz emitida e absorvida.

A formulação matemática definitiva da teoria quântica, a mecânica quântica, foi produzida na década de 1920. Em 1924, Louis de Broglie postulou que as partículas podem apresentar características ondulatórias e propriedades particulatórias, como se observa no fenómeno fotoelétrico e nos espectros atómicos. C. J. Davisson e L. H. Germer confirmaram experimentalmente esta hipótese em 1927, quando observaram a difração de um feixe de electrões análoga à difração de um feixe de luz.

Na sequência da ideia de de Broglie, surgiram duas formulações distintas da mecânica quântica. A mecânica ondulatória de Erwin Schrödinger

(1926) utiliza a função de onda, uma entidade matemática que está relacionada com a probabilidade de detetar uma partícula numa dada posição no espaço. A mecânica matricial de Werner Heisenberg (1925) não discute funções de onda ou outros conceitos relacionados, mas provou-se que é matematicamente igual à teoria de Schrödinger.

Este é o tema da teoria quântica da luz e da sua explicação. É considerada a base da física moderna e é sobre ela que se debruça o mundo dos físicos teóricos. Compreende o seu conceito e descobre como ajuda a desvendar os vários mistérios do universo.

Por último, e é isto que lhe dá o nome, a mecânica quântica descreve também a troca de energia entre partículas. E, ao contrário do nosso mundo macroscópico clássico, onde a energia de uma bola de ténis ou de um carro pode assumir qualquer valor, um eletrão num átomo só pode emitir ou absorver quantidades de energia determinadas com precisão. A cada "pacote" de energia que o eletrão absorve ou emite chama-se um "quantum" de energia (daí o nome física "quântica"). Estas trocas ocorrem em rajadas sucessivas, em vez de serem contínuas, como estamos habituados a ver à nossa escala.

Todas estas regras estranhas conduzem a situações que podem parecer paradoxais, como o facto de um objeto quântico poder existir em vários estados simultaneamente, ou de duas partículas ditas "emaranhadas" estarem tão fundamentalmente ligadas que, se fizermos uma alteração numa delas, a outra sofrerá instantaneamente as consequências, independentemente da distância que as separa.

A física quântica na vida quotidiana

Estas situações bizarras são observadas todos os dias em laboratórios de investigação em todo o mundo. E, muito para além das portas dos institutos de investigação, estes fenómenos são utilizados para fazer funcionar os muitos aparelhos que usamos todos os dias.

Uma das descobertas mais espantosas da física quântica é a famosa "dualidade onda-partícula". No século XIX, numerosas experiências tinham demonstrado a natureza ondulatória da luz, mas foi só em 1905 que Albert Einstein demonstrou o chamado efeito "fotoelétrico", que provava que a luz podia atingir os electrões e ejectá-los como bolas de boccia. Só 20 anos mais tarde é que o físico francês Louis de Broglie se apercebeu de que, longe de ser um problema, a luz (e qualquer partícula material) se comporta tanto como uma onda como como uma partícula. Esta descoberta conduziu a uma série de aplicações quotidianas, como os painéis fotovoltaicos e os sensores CCD das nossas máquinas fotográficas. Do mesmo modo, a quantificação das trocas de energia entre electrões na matéria conduziu a várias inovações fundamentais sem as quais a tecnologia moderna não existiria.

Comecemos pelo laser, que é utilizado nos leitores de CD, na indústria para cortar materiais, na astronomia para medir a distância entre a Terra e a Lua, na medicina para cortar ou cauterizar tecidos, nos supermercados para ler códigos de barras, nas impressoras a laser e nas fibras ópticas para comunicar de um continente para outro.

Esta luz muito especial, constituída por fotões idênticos (o nome dado às partículas de luz), é produzida forçando os átomos a emitirem todos os mesmos quanta de energia. O resultado é um tipo especial de luz que dificilmente poderíamos prescindir atualmente.

Outra aplicação da teoria quântica é nada mais nada menos do que... toda a eletrónica moderna! Esta tecnologia, que se encontra nos nossos telemóveis, relógios, veículos, computadores, dispositivos médicos (pacemakers, balanças de casa de banho, medidores de tensão arterial, desfibrilhadores cardíacos) e num número infinito de outras aplicações quotidianas, funciona graças à compreensão do comportamento dos electrões numa categoria de materiais denominados "semicondutores" - ou seja, materiais que são naturalmente isolantes mas que podem facilmente tornar-se condutores se lhes for aplicada uma pequena tensão eléctrica. Esta propriedade, que permite controlar à vontade a passagem (ou não) de uma corrente eléctrica, é utilizada para construir os díodos e os transístores que são os elementos básicos de toda a eletrónica.

E quando se mistura emissão controlada de luz e semicondutores, constroem-se LEDs (díodos emissores de luz), que estão atualmente a substituir uma grande parte das antigas lâmpadas, que consomem muito mais energia.

A física quântica e os fenómenos naturais

A mecânica quântica está à nossa volta: nas aplicações tecnológicas que desenvolvemos, mas também em todos os fenómenos naturais que nos rodeiam e que não podemos compreender sem recorrer à teoria quântica.

Se o Sol brilha, é devido à fusão nuclear que tem lugar no seu núcleo, que por sua vez é possível graças a outra peculiaridade quântica: o efeito de túnel, que permite que as partículas "saltem" barreiras potenciais que de outra forma seriam intransponíveis no mundo clássico. Quanto ao azul do céu, este deve-se à forma como a luz solar interage com as moléculas da atmosfera terrestre.

Mesmo a fotossíntese (processo pelo qual as plantas transformam a energia que recebem do Sol em matéria orgânica, que é depois absorvida por herbívoros que, por sua vez, são consumidos por carnívoros) é suspeita, nas investigações mais recentes, de dever a sua existência a fenómenos quânticos, cujo mistério a biologia ainda não desvendou.

A física quântica revolucionou a forma como os seres humanos compreendem e moldam o mundo. Mas desde o final do século XX, está em curso uma "segunda revolução quântica", na qual os processos mais fundamentais da mecânica quântica estão a ser explorados para levar as nossas tecnologias a um novo nível.

A física quântica é o "estudo da matéria e da energia ao nível mais fundamental". As tecnologias quânticas exploram as propriedades identificadas pela física quântica para fornecer novas capacidades de computação, comunicação e deteção.

Embora os fenómenos quânticos tenham sido estudados durante décadas, só há relativamente pouco tempo surgiram tecnologias importantes baseadas nesses fenómenos. Algumas destas tecnologias oferecerão vantagens significativas para as empresas e a segurança nacional. Outras criarão novos riscos para a encriptação e a invisibilidade. Este facto faz da quântica um tema importante para a definição de políticas e uma área importante para a cooperação entre os Estados Unidos e os seus aliados. Este documento, escrito para introduzir o tema a um público geral, analisa as principais tecnologias quânticas, os prazos de implantação e as políticas nacionais para a inovação quântica.

Os princípios da física quântica podem ser desconcertantes e muitas vezes contra-intuitivos, sendo utilizados termos como "assustador" ou "emaranhamento" para descrever o funcionamento da física quântica. Embora uma compreensão básica desses princípios seja importante para avaliar os progressos e o potencial, as questões políticas mais imediatas são como acelerar a investigação, como desenvolver novas tecnologias quânticas e como utilizar (ou, nalguns casos, proteger contra) as diferentes aplicações dessas tecnologias.

A investigação quântica é levada a cabo por universidades, laboratórios governamentais e empresas em mais de uma dúzia de países. A infraestrutura para investigação e serviços inclui computadores quânticos e os chips especializados que utilizam, novos tipos de sensores, dispositivos de comunicação quânticos e software único, uma vez que o software necessário para a computação quântica é muito diferente do software de computação convencional. A quântica é mais do que computação, tendo também aplicações para deteção, encriptação e comunicações. O número de empresas que oferecem tecnologias e serviços quânticos está a crescer rapidamente. Algumas aplicações quânticas, como a deteção, serão amplamente utilizadas antes dos computadores quânticos, e algumas aplicações quânticas estão mais próximas da utilização comercial do que outras.

Computação quântica

A computação quântica é frequentemente a que recebe mais atenção entre as aplicações. A computação quântica utiliza a física quântica para resolver problemas a velocidades que não são possíveis com os computadores clássicos. A base da computação quântica é o "qubit" (abreviatura de "quantum bit"). Os computadores convencionais utilizam "bits", que podem representar "1" ou "0". Em contrapartida, os qubits podem representar simultaneamente 1, 0 ou qualquer valor intermédio. Esta propriedade (designada por "sobreposição") permite que um computador quântico efectue muitas operações simultaneamente e em paralelo, possibilitando cálculos milhões de vezes mais rápidos do que os dos computadores clássicos.

Isto fará da computação quântica uma nova ferramenta de investigação excecional para todas as ciências. A computação quântica melhorará a análise de dados e acelerará o desempenho dos algoritmos de aprendizagem automática para a investigação e as empresas. As empresas de serviços financeiros estão a investir na computação quântica, uma vez que esta lhes poderá dar uma vantagem na tomada de decisões de investimento em derivados e no cálculo do risco de mercado. As aplicações de segurança da computação quântica incluem a capacidade de "quebrar" a encriptação segura, realizar simulações complexas e permitir a análise de conjuntos de dados maciços para uma melhor deteção de ameaças e tomada de decisões.

A computação quântica requer chips especiais que são diferentes dos semicondutores convencionais (embora haja investigação em curso para permitir que os chips quânticos sejam fabricados utilizando as técnicas avançadas utilizadas atualmente nos chips convencionais à base de silício). São estes chips especiais que tornam os computadores quânticos mais rápidos e mais capazes. Os chips quânticos são caros (uma estimativa é de 10 000 dólares por qubit, em comparação com menos de 200 dólares para um chip convencional) e requerem uma série de equipamento de apoio especializado. O primeiro chip quântico foi fabricado pelos Institutos Nacionais de Normalização e Tecnologia (NIST) em 2009, e existe atualmente uma corrida para desenvolver computadores que utilizem múltiplos chips quânticos; quanto mais chips e mais qubits num chip, mais rápido será o processamento de dados. Os maiores processadores quânticos têm atualmente algumas centenas de qubits.

Esta corrida conduziu a uma espécie de concurso na procura da "supremacia quântica", em que um computador quântico pode efetuar cálculos que nenhum computador convencional poderia fazer. Há controvérsias sobre se a supremacia quântica foi alcançada, mas é um limiar inicial útil para identificar o desempenho.

Um obstáculo à computação quântica é a necessidade de melhorar os qubits para que sejam menos susceptíveis de cometer erros de cálculo devido ao "ruído", que pode ser qualquer coisa, desde sinais de rádio a perturbações no campo magnético da Terra. Proteger um chip quântico do ruído ajuda. Outra solução para o problema do ruído é criar software de correção de erros que possa corrigir os erros dos qubits. Os próprios chips quânticos têm de ser simplificados para permitir que cada chip contenha múltiplos qubits sem a complexa cablagem atualmente necessária, uma vez que a correção de erros exige a capacidade de utilizar múltiplos qubits em simultâneo. Enquanto alguns especialistas acreditam que estes problemas são insolúveis, outros estão mais confiantes de que a investigação poderá ultrapassá-los nos próximos 10 a 15 anos.

Apesar disso, a computação quântica está a ser utilizada atualmente (principalmente para fins de investigação). Dada a necessidade de equipamento de apoio especializado e a fragilidade dos qubits, não é atualmente viável instalar um computador quântico em cada secretária; no entanto, os computadores com acesso à Internet podem permitir aos investigadores utilizar as capacidades da computação quântica sem necessitarem de acesso físico. Isto é também conhecido como "quantum-as-a-service". Uma vez que os computadores quânticos são complexos, de manutenção elevada e dispendiosos, o quantum-como-um-serviço permite aos investigadores e às empresas aceder a computadores quânticos pertencentes, operados e mantidos por outra empresa - frequentemente utilizando serviços de nuvem ou através da Internet - sem necessidade de possuir o hardware. O quantum-as-a-service já é utilizado por universidades e alguns programas nacionais (como o da Alemanha) para investigação.

O efeito da Quantum na criptografia e nas comunicações

A criptografia é o processo de utilização de fórmulas matemáticas complexas para codificar dados e torná-los ilegíveis até serem descodificados. A encriptação é amplamente utilizada no comércio em linha, nas finanças e nos sistemas de segurança nacional. Os computadores quânticos, com as suas velocidades imensamente superiores, serão capazes de efetuar cálculos para decifrar rapidamente mensagens outrora consideradas seguras. Terão também a capacidade de resolver equações matemáticas complexas a um ritmo muito mais rápido do que os computadores tradicionais, o que lhes permitirá "quebrar" a encriptação, criando uma nova ameaça para o software e os serviços existentes.

Qualquer sistema que utilize a criptografia de chave pública, amplamente utilizada em aplicações comerciais, será vulnerável à descodificação por computadores quânticos. Embora isso não seja possível agora, muitos países estão a tentar obter essa capacidade, e é provável que adversários avançados como a China estejam a recolher e a armazenar dados encriptados agora para serem desencriptados mais tarde, quando os computadores quânticos estiverem disponíveis. Esta ameaça de "armazenar agora, decifrar depois" é particularmente preocupante, uma vez que alguns dados do governo dos EUA podem permanecer sensíveis durante décadas.

Tendo em conta estes riscos, o NIST liderou um processo para criar criptografia pós-quântica (PQC). Os algoritmos PQC fornecerão a base para a criptografia resistente ao quantum disponível no mercado. Prevê-se que sejam normalizados em 2024. A transição para a PQC não será a primeira vez que se procede a uma alteração das normas de encriptação. Em 1977, o National Bureau of Standards (NBS) adoptou a Norma de Encriptação de Dados (DES), mas no final da década de 1990, os investigadores conseguiram quebrar a encriptação DES. Este facto levou o NIST a desenvolver a Norma de Encriptação Avançada (AES) em 2001. Essa experiência demonstrou que a alteração das normas de encriptação é um processo moroso, uma vez que têm de ser criados novos produtos baseados nas normas e depois implantados em toda a economia, e um processo semelhante moldará a transição para o PQC.

A implementação do PQC também enfrenta outros obstáculos. Os algoritmos PQC com maior probabilidade de serem adoptados têm atributos técnicos variáveis, incluindo diferentes comprimentos de chave e tempos de processamento. Estas características tornam a implementação do PQC mais extensa do que a anterior transição do DES para o AES. O NIST prevê que, sem um planeamento de implementação em grande escala, poderão passar décadas até que a maioria dos sistemas de chave pública vulneráveis incorpore o PQC. A National Security Agency recomendou a mudança para os algoritmos criptográficos pós-quânticos do NIST (assim que estiverem normalizados) como a melhor forma de proteção contra a ameaça de desencriptação.

Comunicação Quântica
A comunicação quântica aplica as propriedades da física quântica para proporcionar maior segurança e melhores comunicações a longa distância. A comunicação quântica oferece duas vantagens em termos de segurança. Em primeiro lugar, na comunicação digital convencional, as mensagens são encriptadas e desencriptadas utilizando chaves e transmitidas como bits clássicos (zeros ou uns). A distribuição de chaves quânticas (QKD) permite a criação de chaves de encriptação que são codificadas e transmitidas utilizando qubits, tornando-as mais difíceis de quebrar.

Segundo, os qubits são incrivelmente sensíveis. Qualquer tentativa de os perturbar, ou mesmo de os observar, forçará os qubits a entrar em colapso. Isto significa que se um observador externo tentar intercetar ou monitorizar comunicações que utilizem QKD, a sua atividade será imediatamente notada pelo destinatário da mensagem. As comunicações quânticas têm, por isso, o potencial de proteger os dados transmitidos e de tornar muito difícil que os espiões escapem à deteção.

A implantação alargada da tecnologia de comunicações quânticas ainda está a anos de distância. A QKD foi demonstrada através de cabos de fibra ótica, rádio e retransmissões por satélite. No entanto, a fibra ótica só pode transmitir QKD a curtas distâncias e as demonstrações espaço-terra têm sido inconclusivas. Cada meio requer o desenvolvimento de tecnologias adicionais antes de poder ser comercialmente viável.

A China está a tentar desenvolver comunicações quânticas através de projectos como o programa de satélites Micius (inicialmente realizado em cooperação com uma universidade austríaca). A China lançou o Micius em 2016 e comunicou que tinha conseguido a primeira teleconferência quântica encriptada do mundo em 2017. No entanto, o próprio satélite suscitava preocupações em termos de segurança. Em 2020, os investigadores chineses anunciaram que tinham resolvido estes problemas, baseando-se mais em tecnologia terrestre segura para trabalhar em colaboração com o satélite, e afirmaram que o seu novo método aumenta a segurança do QKD para um "nível sem precedentes".

Deteção quântica
A deteção quântica permite medições extremamente precisas. A tecnologia pode captar medições de alta resolução e altamente sensíveis ao nível de átomos individuais, proporcionando uma precisão muito maior. As tecnologias de deteção quântica têm uma vasta gama de aplicações, incluindo cuidados de saúde e investigação médica, monitorização ambiental, construção, energia, navegação e defesa. São resistentes às interferências electromagnéticas e ao empastelamento. As suas medições mais sensíveis e precisas proporcionam uma maior fiabilidade do que os sensores convencionais.
A deteção quântica oferece a possibilidade de uma navegação mais precisa e segura. Os sistemas críticos civis, comerciais e militares dependem do GPS e dos dados de Navegação e Cronometragem de Precisão (PNT) que este fornece. O GPS é frequentemente a única fonte de dados PNT para muitos sistemas de infra-estruturas críticas (incluindo finanças e energia eléctrica), o que os torna alvos potenciais de interferência do GPS. A utilização da deteção quântica poderia eliminar estas vulnerabilidades. A deteção quântica também permite uma navegação de alta precisão sem a utilização do GPS. Ao contrário do GPS, a navegação quântica não dependeria de um sinal externo, o que a tornaria resistente a interferências. Os sensores quânticos podem medir os campos gravitacionais e magnéticos da Terra para detetar alterações mínimas no movimento e impulsos electromagnéticos. Gravitómetros sensíveis (instrumentos que medem o campo gravitacional da Terra) e magnetómetros podem medir anomalias e compará-las com dados existentes, permitindo uma navegação precisa sem necessidade de comunicações por satélite.
Existem vários obstáculos à obtenção de uma navegação quântica fiável, dada a complexidade e a delicada calibração dos sensores necessários. Entre eles, é necessário reduzir o custo, diminuir o tamanho e o peso e melhorar os componentes de potência. A miniaturização também coloca desafios, uma vez que a miniaturização das plataformas de sensores tende a reduzir a sua sensibilidade, levantando uma barreira às aplicações efectivas.

A deteção quântica também tem implicações para as capacidades de informação, vigilância e reconhecimento. O Laboratório de Investigação do Exército dos EUA desenvolveu uma técnica conhecida como "imagem fantasma" que utiliza as propriedades quânticas da luz para detetar objectos distantes através da utilização de feixes de iluminação fracos. Estes feixes são capazes de penetrar nas condições atmosféricas e são suficientemente fracos para evitar a deteção pelo alvo fotografado em muitos casos, o que os torna uma ferramenta potencialmente útil para operações secretas. Outra técnica conhecida como iluminação quântica poderia melhorar as capacidades de deteção furtiva do radar quântico. Pensa-se que esta técnica é capaz de obter uma relação sinal/ruído mais elevada do que os sensores não quânticos, o que é ideal para detetar alvos de baixa refletividade no meio de fundos de elevado ruído, como os bombardeiros furtivos durante o voo. Os investigadores chineses estão a trabalhar num sistema de radar quântico que pode detetar aviões furtivos, mas alguns especialistas questionam o sucesso da China. Os sensores quânticos poderão também facilitar a deteção de submarinos e a China afirma ter feito progressos no desenvolvimento de sensores quânticos potentes para a deteção de submarinos.

A investigação biomédica oferece outras oportunidades únicas para a deteção quântica. A capacidade de medir os campos electromagnéticos do cérebro, do coração ou de outros órgãos para estudar o impacto dos tratamentos médicos poderá conduzir a um desenvolvimento mais eficaz de medicamentos e a potenciais curas para algumas doenças. Os sensores quânticos permitirão aos investigadores obter dados do campo eletromagnético do cérebro de um doente que poderão ser comparados com os de um cérebro saudável, permitindo-lhes compreender melhor o impacto de certos medicamentos.

A deteção quântica tem também aplicações no diagnóstico médico por imagem. Um exemplo é o facto de os dispositivos de deteção tradicionais não serem eficazes em crianças porque são frequentemente demasiado grandes e exigem que o sujeito permaneça imóvel durante o exame. No entanto, os avanços na deteção quântica podem mudar essa situação, com a capacidade de detetar e diagnosticar sem exigir que o paciente permaneça imóvel. Alguns dispositivos quânticos já estão a ser utilizados em hospitais.

Prazos para a Quantum
Uma questão que surge sempre nas discussões sobre a tecnologia quântica é: "Quando?" Os cépticos dizem que a tecnologia quântica está a décadas de distância da sua realização. Este ceticismo é descabido. Em primeiro lugar, o ritmo da inovação aumentou na última década, tendo em conta as ferramentas de ciência de dados e de computação atualmente disponíveis para apoiar a investigação e desenvolvimento (I&D). Em segundo lugar,

o tempo de chegada da quântica varia consoante a aplicação. Algumas tecnologias de sensores estão próximas da implantação comercial, enquanto as aplicações de computação quântica de alto desempenho estão provavelmente a anos de distância. É importante compreender que, embora as aplicações de computação, deteção e comunicações aproveitem todas a ciência quântica, são tecnologias diferentes com prazos diferentes. No que diz respeito à computação quântica, a tecnologia robusta que irá superar os computadores convencionais está a mais de uma década de distância, mas as aplicações de computação menos intensivas estão a ser utilizadas atualmente. A descodificação através de computadores quânticos, uma das aplicações mais sensíveis proporcionadas pela computação, também está provavelmente a anos de distância de ser implementada, com a ressalva de não se saber totalmente quais os progressos que concorrentes como a China poderão ter feito. Quanto às comunicações quânticas, as tecnologias relevantes estão ainda em fase de desenvolvimento. O Government Accountability Office estima que a fibra ótica para QKD necessitará de mais uma década para amadurecer, enquanto as comunicações QKD por satélite poderão estar disponíveis mais cedo. Em contrapartida, algumas aplicações de deteção quântica para investigação biomédica, construção ou imagiologia melhorada estão disponíveis comercialmente ou (como no caso da navegação) estarão disponíveis dentro de alguns anos.

A investigação quântica é global
A tecnologia quântica tem um potencial significativo para a inovação global, mesmo antes de os computadores quânticos estarem totalmente implantados. Muitos países reconheceram o potencial da tecnologia quântica e estão a investir nela para desenvolver capacidades de computação, comunicação e deteção. Isto inclui investimentos em investigação tanto do governo como do sector privado. As tecnologias quânticas ainda são de investigação intensiva e as principais potências científicas e tecnológicas estão a gastar centenas de milhões de dólares para financiar a I&D. A partir de 2022, nove países e a União Europeia anunciaram gastar mais de 30 mil milhões de dólares em programas quânticos, e o sector privado dos EUA gasta mais do que muitos países. Os governos podem incentivar as tecnologias quânticas através de programas nacionais de I&D e do financiamento que os acompanha. Nos últimos anos, os Estados Unidos, a China, o Reino Unido, o Canadá e outros países estabeleceram uma série de estratégias nacionais para a investigação quântica.
medida que as aplicações quânticas são desenvolvidas, os decisores políticos terão de identificar a melhor forma de promover mais investigação, criar mercados globais e tirar partido dos benefícios comerciais e de segurança que as tecnologias quânticas proporcionam.

Um problema político imediato para a tecnologia quântica é a transferência de tecnologia. Os controlos das exportações são um instrumento importante da política da administração Biden contra a China. A Casa Branca espera abrandar os avanços chineses em tecnologias críticas, limitando o acesso às cadeias de abastecimento em parceria. A administração está a explorar controlos sobre tecnologias emergentes, incluindo a quântica. Há preocupações de que os avanços dos EUA na ciência quântica possam melhorar as capacidades militares chinesas - o Departamento de Comércio citou isso quando colocou três organizações chinesas na Lista de Entidades em 2021.

No entanto, há também preocupações quanto ao facto de a tecnologia quântica se encontrar numa fase demasiado precoce para implementar restrições sem prejudicar a inovação. Um relatório recente da RAND analisou as bases industriais dos EUA e da China no domínio da tecnologia quântica e chegou à conclusão de que "os controlos das exportações limitariam prematuramente o intercâmbio de ideias científicas, abrandando o progresso tecnológico". A análise salienta a importância de um "ecossistema" quântico global na fase inicial de desenvolvimento, o impacto negativo dos controlos de exportação nas pequenas empresas em fase de arranque e os danos potenciais da falta de clareza regulamentar.

Embora os Estados Unidos devam limitar o acesso da China às tecnologias quânticas, também precisam de alargar a cooperação com os seus parceiros. Os compromissos de colaboração no domínio da quântica estão associados a iniciativas como o Quad e o AUKUS. Igualmente importante é o facto de os Estados Unidos precisarem de criar um mercado global para aplicações quânticas, a fim de incentivar o desenvolvimento e a inovação do sector privado. Em suma, uma abordagem demasiado restritiva da transferência de tecnologia que vá para além da China e dificulte o trabalho com parceiros de investigação ou o desenvolvimento de novos mercados para as tecnologias quânticas será mais prejudicial do que benéfica para o esforço quântico nos Estados Unidos - como demonstrado pela experiência anterior com os controlos de satélites e de encriptação, em que controlos de exportação demasiado alargados prejudicaram as empresas tecnológicas americanas.

Seguir em frente
As tecnologias quânticas criarão imensas oportunidades que irão remodelar a investigação, as empresas e a segurança, bem como acelerar a inovação. Há sete recomendações gerais para as políticas:
1. **Aumentar o apoio à investigação.** Este objetivo pode ser alcançado através de mais do que apenas financiamento adicional (embora, uma vez que a China pode gastar mais do que os Estados Unidos, o financiamento não possa ser ignorado). O apoio pode

também assumir a forma de incentivos fiscais e regulamentos de apoio em mercados associados, como o dos veículos autónomos. Este apoio deve incluir fundos para a investigação básica, mas também programas para fomentar as empresas em fase de arranque, desenvolver casos de utilização e aplicações, construir infra-estruturas públicas e promover a colaboração de investimento a nível nacional e internacional.

2. **Reforçar a cooperação tecnológica com aliados e parceiros.** Os Estados Unidos já estão a trabalhar em colaboração com os seus aliados no que respeita às tecnologias quânticas e à sua implementação, devendo acompanhar esse trabalho com um acordo adequado sobre políticas e normas para as tecnologias quânticas. Os Estados Unidos devem também trabalhar com os aliados para desenvolver políticas comuns em matéria de transferência de tecnologia. Restrições à transferência de tecnologia inoportunas ou mal concebidas atrasarão os Estados Unidos, cortando o acesso à comunidade mundial de investigação quântica e estrangulando o mercado comercial das aplicações quânticas e a vontade dos empresários de entrarem no mercado quântico.

3. **Acelerar a transição para o PQC para se manter na linha de tempo projectada para os computadores quânticos.** Foi necessária quase uma década para a transição do DES para o AES e, uma vez que talvez não passem 10 anos até que os sistemas criptográficos sejam vulneráveis a um computador quântico, o facto de não se planear agora a transição para o PQC pode ser excecionalmente prejudicial.

4. **Utilizar o financiamento federal para aumentar o acesso dos investigadores ao quantum-como-um-serviço (incluindo os investigadores aliados).** O programa Quantum User Expansion for Science and Technology (QUEST) do Departamento de Energia é um bom começo que pode ser alargado para incluir aliados. A computação quântica é suficientemente diferente para que um maior acesso proporcione a experiência e a inovação necessárias.

5. **Desenvolver normas e regulamentos para garantir o desenvolvimento e a implantação seguros e responsáveis das tecnologias quânticas**. Isto inclui o estabelecimento de normas para o desempenho e a fiabilidade da tecnologia quântica, bem como de regulamentos que regem a utilização desta tecnologia em indústrias críticas como as finanças, os transportes, a energia e as telecomunicações. Isto pode ser feito em parceria com aliados e parceiros utilizando o AUKUS, o Conselho de Comércio e Tecnologia EUA-UE e outros mecanismos.

6. **Rever as regras e regulamentos existentes em matéria de propriedade intelectual para a sua aplicação a um mundo de**

computação quântica. A computação quântica pode colocar desafios significativos à proteção da propriedade intelectual, uma vez que a capacidade de processar rapidamente grandes quantidades de dados pode potencialmente levar à rápida descoberta de novos medicamentos, materiais e outros avanços científicos.

7. **Investir nas competências quânticas e na força de trabalho.** O governo, as instituições académicas e as empresas terão de investir em programas de educação e de mão de obra para dotar os indivíduos das competências e dos conhecimentos necessários para trabalharem neste domínio empolgante e em rápida evolução. À medida que a indústria quântica continua a crescer, haverá uma procura significativa de trabalhadores qualificados.

Aplicação da química quântica à espetroscopia

As duas principais teorias da física são a **mecânica newtoniana** e a **eletrodinâmica baseada na equação de Maxwell**. São capazes de prever e explicar com sucesso um grande número de fenómenos observados no mundo. No entanto, existem muitos fenómenos que não são previstos e, portanto, inexplicáveis por estas teorias. Tais fenómenos são explicados pela **teoria quântica, sendo** por isso designados por "efeitos quânticos" ou "fenómenos quânticos". Muitos destes fenómenos quânticos são de origem microscópica. O quadro seguinte enumera alguns deles. No contexto da química, os dois primeiros são particularmente importantes: A teoria quântica permite-nos compreender e prever a estabilidade e a estrutura interna dos átomos e das moléculas, bem como prever a forma como interagem com a luz, ou seja, as suas características de absorção e emissão. Por estas razões, a teoria quântica é fundamental para a química. A teoria quântica permite-nos **prever os resultados de experiências efectuadas em pequenas entidades, como átomos e moléculas** (os chamados sistemas quânticos). No entanto, a teoria quântica apenas faz previsões probabilísticas sobre estes resultados, não certas. Por conseguinte, no seu cerne, a teoria quântica é uma teoria estatística, que é testada através da repetição de uma experiência muitas vezes ou da sua realização em muitos sistemas quânticos ao mesmo tempo.

Radiação electromagnética

A radiação electromagnética é uma das principais ferramentas para estudar a estrutura interna dos átomos e das moléculas. Todos os processos que geram radiação electromagnética são processos quânticos e não podem ser descritos de forma clássica.

Uma vez que a radiação electromagnética é tão importante, vamos começar por examinar as duas formas diferentes como é modelada na ciência e na engenharia: ondas e partículas.

Descrição da onda

Para muitos fenómenos de grande escala, é adequado modelar a radiação electromagnética como uma onda viajante associada a campos eléctricos e magnéticos oscilantes que são perpendiculares (transversais) à direção de propagação. A amplitude dos campos eléctricos e magnéticos é proporcional à intensidade da radiação.

Descrição das partículas

O segundo modelo para a radiação electromagnética consiste em considerá-la como um fluxo de partículas. Estas partículas são designadas por **fotões** (um nome introduzido em 1926 por G. N. Lewis, o químico que deu o nome às estruturas de Lewis dos compostos químicos). Embora Isaac Newton já tivesse proposto um modelo de partículas para a luz, só no início do século XX é que este modelo se tornou necessário para descrever alguns efeitos que não podiam ser descritos através de ondas. Estes incluem a radiação do corpo negro e o efeito fotoelétrico. Este último foi explicado por Albert Einstein em 1905 e deu origem ao seu Prémio Nobel em 1921.

Mais precisamente, um fotão representa a quantidade mínima discreta (um "quantum") de energia e momento que pode ser transferida da radiação electromagnética de uma frequência específica para a matéria, ou vice-versa.

Um fotão é uma "partícula" com duas propriedades especiais: não tem massa e move-se sempre à velocidade da luz. Um fotão transporta um quantum indivisível de energia.

A computação quântica é o início de possibilidades sem fim

A química quântica é utilizada em todos os domínios da ciência e da engenharia para prever com exatidão as propriedades das moléculas e dos materiais. Mas para que possa resolver problemas do "mundo real" é necessária uma mudança de paradigma na computação.

Tentar explicar algo difícil de compreender

Quando lhe perguntam como descreveria a sua investigação em computação quântica à família ou aos amigos, a resposta de Philipp Harbach, o nosso Diretor de Investigação In Silico, é curta: "Simplesmente não o faço", diz ele, rindo.

Este facto talvez não seja surpreendente. A física, já para não falar da mecânica quântica, é frequentemente vista por quem não é da área como a mais intimidante das disciplinas científicas. Quando se entra no domínio do quantum, os não especialistas ficam muitas vezes perplexos com as contradições envolvidas.

"A explicação fenomenológica mais conhecida da mecânica quântica é o gato de Schroedinger", diz Harbach. "Mas esta explicação é muito limitada".

A versão simples do "gato de Schroedinger" diz que se colocarmos um gato e algo que o possa matar (um átomo radioativo) numa caixa e a fecharmos, não saberemos se o gato está vivo ou morto até abrirmos a caixa. Isto, segundo ele, significava que, até a caixa ser aberta, o gato estava (num certo sentido) morto e vivo ao mesmo tempo.

Esta experiência de pensamento é utilizada como forma de descrever um fenómeno conhecido como superposições quânticas - em que um sistema quântico, tal como uma partícula fundamental como um átomo ou um fotão, pode existir como uma combinação de múltiplos estados correspondentes a diferentes resultados possíveis.

"O gato de Schroedinger foi originalmente utilizado por Schroedinger para demonstrar a inutilidade de tentar descrever a mecânica quântica de uma forma clássica", continua Harbach. "O problema é que não existe nenhuma teoria clássica ou exemplo da vida real que possa explicar os paradoxos encontrados na mecânica quântica. Por isso, as pessoas tendem a acreditar que é como se fosse magia. Não - é pura matemática".

No entanto, apesar de não podermos experimentar esta "estranheza" quântica, o que a torna difícil de compreender, podemos ver os seus efeitos muito reais em ação. As superposições quânticas são incrivelmente importantes na computação quântica, por exemplo - que tem o potencial de mudar radicalmente as abordagens em áreas como a química, a ciência dos materiais, o desenvolvimento de medicamentos, a inteligência artificial e a segurança.

A física quântica descreve o comportamento dos átomos e das partículas subatómicas, como os electrões e os fotões. Um computador quântico funciona controlando o comportamento destas partículas de uma forma completamente diferente dos computadores normais.

Mas um computador quântico não é apenas uma versão mais potente dos nossos computadores actuais, da mesma forma que uma lâmpada não é apenas uma vela mais potente. Não se pode construir uma lâmpada eléctrica construindo velas cada vez melhores.

Um computador quântico é um tipo de dispositivo inteiramente novo, baseado na física quântica e, em particular, no conceito de superposições quânticas.

Num computador normal, os dados são armazenados em bits. Um bit é uma única peça de informação que pode existir em dois estados - 0 ou 1.

A computação quântica utiliza bits quânticos, ou "qubits". Estes são sistemas quânticos com dois estados. No entanto, ao contrário de um bit normal, podem armazenar muito mais informação do que apenas 0 ou 1, porque podem existir em qualquer sobreposição destes valores - 0 e 1 ao mesmo tempo.

Para ajudar a imaginar isto, imagine uma esfera. Um bit clássico pode estar em dois estados - por exemplo, em qualquer um dos dois pólos da esfera. Um qubit, por outro lado, pode estar em qualquer ponto da esfera.

Graças a este fenómeno contra-intuitivo, um computador quântico com vários qubits em sobreposição pode analisar simultaneamente um grande número de resultados potenciais. O resultado final de um cálculo só surge quando os qubits são medidos, o que faz com que o seu estado quântico "colapse" imediatamente para 0 ou 1.

Isto significa que um computador que utilize qubits pode armazenar e processar uma quantidade muito maior de informação quântica, utilizando menos energia, menos bits e uma quantidade menor de espaço do que um computador clássico.

A computação quântica tem uma série de aplicações potenciais interessantes. Um dos principais exemplos é a inteligência artificial (IA). A IA baseia-se no princípio da aprendizagem a partir da experiência, tornando-se mais exacta à medida que se dá feedback, até que o programa de computador pareça exibir "inteligência".

Este feedback baseia-se no cálculo das probabilidades de muitas escolhas possíveis, pelo que a IA é um candidato ideal para a computação quântica, que lhe permitirá efetuar estes cálculos muito mais rapidamente.

Por exemplo, a Lockheed Martin planeia utilizar o seu computador quântico D-Wave para testar software de piloto automático que é atualmente demasiado complexo para computadores clássicos, e a Google está a utilizar um computador quântico para conceber software capaz de distinguir carros de pontos de referência. [1]

É importante para nós que a computação quântica também tenha o potencial de transformar a investigação científica, permitindo que a química quântica aborde sistemas do mundo real.

A conceção e análise de moléculas é um problema desafiante, porque descrever e calcular exatamente todas as propriedades quânticas de todos os átomos de uma molécula é uma tarefa computacionalmente difícil, mesmo para os supercomputadores mais avançados.

"A química quântica permite-nos imitar experiências complicadas num computador para compreender os fenómenos naturais subjacentes", afirma Harbach. "Isto pode ajudar-nos a fazer uma série de coisas, desde acelerar a identificação de novos medicamentos potenciais até tornar mais eficientes materiais como as células solares. As aplicações são incrivelmente variadas. Mas, até agora, embora estes algoritmos sejam produtivos, estamos a ter de os executar em hardware de computação clássico limitado."

"O problema é que a maioria dos problemas de química quântica aumenta exponencialmente com o tamanho do sistema. E os computadores clássicos têm dificuldade em lidar com este escalonamento exponencial. Realisticamente, nunca permitirão à química quântica lidar com sistemas do mundo real. Esta limitação intrínseca só pode ser ultrapassada com uma mudança de paradigma tecnológico, razão pela qual a computação quântica é tão promissora."

E quando é que vou ter um computador quântico na minha secretária?

Está a decorrer a corrida entre alguns dos maiores gigantes tecnológicos do mundo - Google, IBM, Microsoft - para alcançar a "supremacia quântica". Um estado anunciado como o ponto em que um computador quântico pode completar um cálculo matemático que está comprovadamente para além do alcance dos supercomputadores mais potentes da atualidade.

Na verdade, um artigo publicado pelos pesquisadores do Google na revista Nature em outubro de 2019 afirmava que eles já haviam alcançado a supremacia quântica, dizendo "Uma computação que levaria 10,000 anos em um supercomputador clássico levou 200 segundos em nosso computador quântico". No entanto, os investigadores da IBM foram rápidos a argumentar que não se tratava de facto de supremacia. [2]

Quer a supremacia tenha ou não sido alcançada, isso não altera o facto de as máquinas quânticas actuais terem, na melhor das hipóteses, algumas dezenas de qubits e serem frequentemente afectadas por ruído que destrói a computação. Realisticamente, os investigadores ainda estão a muitos anos de distância de computadores quânticos de uso geral e "tolerantes a falhas".

No entanto, os cientistas estão agora a procurar formas de dar uma boa utilização aos sistemas quânticos já disponíveis. Estes sistemas quânticos - conhecidos como computadores quânticos de curto prazo ou máquinas quânticas ruidosas de escala intermédia (NISQ) - têm ainda um grande potencial para começar a resolver problemas como os enfrentados pela equipa de Harbach.

"É óbvio que o desenvolvimento de computadores quânticos produtivos vai continuar nas próximas décadas", explica Harbach. "Este desenvolvimento será comparável ao dos computadores clássicos. Mas, embora isso signifique que ainda estamos um pouco longe de aplicar estas tecnologias aos problemas actuais, já podemos definir a direção.

"Acordámos uma cooperação de três anos com a empresa em fase de arranque HQS Quantum Simulations", continua. "Estamos a trabalhar com eles para desenvolver software para aplicações químicas quânticas que funcionará em computadores quânticos de curto prazo.

"A parceria permite-nos compreender as possibilidades completamente desconhecidas da programação quântica associada a problemas de química quântica".

A HQS foi a vencedora da nossa Bolsa de Investigação de Aniversário em Digitalização e Computação, uma das bolsas de investigação que iniciámos em 2018 no âmbito do nosso 350.º aniversário. A HQS tem uma experiência especial na viabilização da química quântica em dispositivos NISQ.

"O resultado da parceria não será necessariamente um software que possamos utilizar imediatamente", diz Harbach. "Em vez disso, será uma prova de conceito para a aplicação à investigação básica no meio académico."

Para além da parceria com a HQS, estamos também a investir tempo e recursos na computação quântica de várias outras formas, como o fornecimento de materiais de ponta necessários para a produção de computadores quânticos mais avançados.

"A nossa divisão M Ventures está a investir em várias empresas em fase de arranque", afirma Harbach. "Estamos também a participar em várias iniciativas centradas no hardware de computação quântica. Entretanto, criámos projectos de prospeção no nosso Centro de Inovação que abordam novas abordagens de hardware que se enquadram na nossa unidade de negócios de Eletrónica e organizámos uma "Conferência Quântica Aplicada" em fevereiro de 2020, juntamente com a Agência Espacial Europeia e a GSI - uma instalação líder de aceleradores de partículas".

Quanto ao futuro a longo prazo, Harbach está confiante de que a computação quântica veio para ficar.

"Será um dos mais vastos campos de investigação do futuro", afirma. "Isto é apenas o começo".

Construir as bases

"Quando se confia apenas nos métodos de computação tradicionais, este problema do estado do solo contém demasiadas variáveis para ser resolvido - mesmo nos supercomputadores mais potentes", disse Lu.

Pode pensar-se num algoritmo como um conjunto de passos para resolver um determinado problema. Os computadores clássicos podem executar algoritmos complexos, mas à medida que estes se tornam maiores e mais complexos, podem tornar-se demasiado difíceis ou demorados para serem resolvidos pelos computadores clássicos. Os computadores quânticos podem acelerar o processo, tirando partido das regras da mecânica quântica.

Na computação clássica, os dados são armazenados em bits que têm um valor de 1 ou 0. Um bit quântico, conhecido como qubit, pode ter um valor para além de apenas 0 ou 1, pode mesmo ter um valor de 0 *e* 1, numa chamada superposição quântica. Em princípio, estes qubits mais "flexíveis" podem armazenar uma maior quantidade de informação do que os bits clássicos. Se os cientistas conseguirem encontrar formas de aproveitar a capacidade de transporte de informação dos qubits, o poder de computação pode expandir-se exponencialmente com cada qubit adicional.

Os Qubits, no entanto, são bastante frágeis. Podem frequentemente quebrar-se quando se está a extrair informação. Quando um dispositivo quântico interage com o ambiente circundante, pode gerar ruído ou interferência que destrói o estado quântico. As alterações de temperatura, as vibrações, as interferências electromagnéticas e até os defeitos de material podem também provocar a perda de informação dos qubits.

Para compensar estes problemas, os cientistas desenvolveram uma solução híbrida que tira partido dos dois algoritmos de computação clássica, que são mais estáveis e práticos. Com o financiamento de uma bolsa de sementes da Universidade de Stony Brook, Lu e Wei começaram a investigar abordagens híbridas de computação clássica e quântica em 2019. Esta bolsa anual promove a colaboração entre o Laboratório Nacional de Brookhaven e a Universidade de Stony Brook, financiando iniciativas de investigação conjuntas que se alinham com as missões de ambas as instituições. Com este trabalho inicial, Lu e Wei concentraram-se primeiro em resolver o problema do estado fundamental, substituindo os algoritmos clássicos mais "caros" - os que eram muito mais complexos e exigiam significativamente mais etapas (e mais tempo de computação) para serem concluídos - por algoritmos quânticos.

Esticar os laços, criar novos caminhos
Os pesquisadores observam que todos os algoritmos quânticos existentes apresentam desvantagens para resolver o problema do estado fundamental, incluindo aquele que Wei e Yu desenvolveram em 2019. Embora alguns algoritmos populares sejam precisos quando uma molécula está na sua geometria de equilíbrio - a sua disposição natural de átomos em três dimensões - esses algoritmos podem tornar-se pouco fiáveis quando as ligações químicas são quebradas a grandes distâncias atómicas. A formação e dissociação de ligações desempenham um papel importante em muitas aplicações, como a previsão da quantidade de energia necessária para iniciar uma reação química, pelo que os cientistas precisavam de uma forma de resolver este problema à medida que as moléculas reagem. Precisavam de novos algoritmos quânticos que pudessem descrever a quebra de ligações.

Para esta nova versão do algoritmo, a equipe trabalhou com o Centro de Co-design liderado pelo Brookhaven-Lab para Quantum Advantage (C^2 QA), que foi formado em 2020. Wei contribui para o impulso de software do centro, que é especializado em algoritmos quânticos. O novo algoritmo da equipa utiliza uma abordagem adiabática - uma abordagem que faz alterações graduais - mas com algumas adaptações que garantem que permanece fiável quando as ligações químicas são quebradas.

"Um processo adiabático funciona através da adaptação gradual das condições de um sistema mecânico quântico", explicou Lu. "De certa forma, estamos a alcançar uma solução em passos muito pequenos. Faz-se evoluir o sistema de um modelo simples e solucionável para o objetivo final, normalmente um modelo mais difícil. No entanto, para além do estado fundamental, um sistema multielectrónico tem muitos estados excitados a energias mais elevadas. Esses estados excitados podem constituir um desafio quando se utiliza este método para calcular o estado fundamental".

No caso da química quântica, a chave é encontrar um "intervalo de energia" suficientemente grande entre o estado fundamental e os estados excitados em que não existem estados electrónicos. Com um intervalo suficientemente grande, os veículos na metáfora da autoestrada não se "cruzam", pelo que os seus percursos podem ser traçados com precisão.

"Um grande intervalo significa que se pode ir mais depressa, por isso, de certa forma, estamos a tentar encontrar uma autoestrada menos movimentada para conduzir mais depressa sem bater em nada", disse Wei.

"Com estes algoritmos, a entrada do caminho é uma solução simples e bem definida da computação clássica", observou Wei. "Também sabemos onde está a saída - o estado fundamental da molécula - e estávamos a tentar encontrar uma forma de a ligar à entrada da forma mais natural, uma linha reta.

"Fizemos isso no nosso primeiro artigo, mas a linha reta tinha obstáculos causados pelo fecho do intervalo de energia e pelo cruzamento de caminhos. Agora temos uma solução melhor".

Quando os cientistas testaram o algoritmo, demonstraram que, mesmo com alterações finitas no comprimento das ligações, a versão melhorada continuava a funcionar corretamente para o estado fundamental.

"Fomos além da nossa zona de conforto, porque a química não é o nosso foco", disse Wei. "Mas foi bom encontrar uma aplicação como esta e promover este tipo de colaboração com o CFN. É importante ter perspectivas diferentes na investigação".

Radiação de corpo negro
Com base na teoria clássica, a energia da luz seguirá a lei de Rayleigh-Jeans:

$\rho = 8\pi T\lambda 4$

Onde

- ρ é a energia radiante,
- λ é o comprimento de onda,
- k é a constante de Boltzmann, e
- T é a temperatura

De acordo com esta equação, a energia radiante é contínua e aumentará até ao infinito se o comprimento de onda for muito pequeno. No entanto, em 1899, Otto R. Lummer e Ernst Pringsheim descobriram a radiação do corpo negro, que mostrou que a energia radiante é discreta e tem um valor máximo. A energia não vai até ao infinito, como a física clássica previa, mas diminui depois de atingir um valor máximo.

Efeitos de fotoelectrões

As primeiras experiências sobre a dualidade onda-partícula foram efectuadas pelo físico alemão Max Planck (1858-1947). Usando um radiador de corpo negro (igual emissor e absorvedor de radiação em todos os comprimentos de onda), Planck derivou a equação para a menor quantidade de energia que pode ser transformada em luz

$$E=h\nu$$

em que h é a constante de Planck $6,626 \times 10^{-34}$ J.S e ν é a frequência. Também formulou a teoria quântica dizendo que a luz emitida tinha níveis discretos de energia e que a energia irradiada era quantizada;

$$\boldsymbol{E=nh\nu}$$

(em que n é um número inteiro, que pode ser zero ou um número positivo). A quantização da energia afirma que existem valores ou estados discretos, e que as energias entre os valores de n são proibidas. Assim, afirmou que se um número x de partículas estivesse presente com um determinado valor de frequência, a energia seria

$$\boldsymbol{E=xh\nu}$$

A frequência está relacionada com o comprimento de onda onde **c=vλ** ou **v=c/λ**

Substituindo **v=c/λ** na equação acima, temos

$$\mathbf{E=xhc/\lambda}$$

Em 1905, Einstein assumiu que as energias discretas de Planck são pacotes de energia chamados fotões. A energia total de um sistema é igual à energia cinética mais a energia potencial e, como sempre, aplica-se a lei da conservação da energia. Einstein explicou que, no efeito fotoelétrico, a energia de cada fotão é absorvida por um eletrão de um determinado metal e, como resultado, o eletrão é capaz de se ejetar se a energia do fotão for igual ou superior à energia limite (Figura 2). A energia limite é a quantidade de energia necessária para ejetar um eletrão, e chama-se **função trabalho** Φ.

$$\text{Uma vez que } \boldsymbol{E=h\nu}$$

Podemos reescrever a equação para mostrar que a energia total é igual a Φ mais a energia cinética

$$\mathbf{E = \Phi + KE} = \boldsymbol{h\nu}$$

O efeito fotoelétrico mostra que a luz se comporta como um fotão ou uma partícula carregada de energia, por outras palavras, as ondas de luz comportam-se como partículas.

Princípio da Incerteza de Heisenberg

Na vida quotidiana, calcular a velocidade e a posição de um objeto em movimento é relativamente simples. Podemos medir um carro que se desloca a 60 milhas por hora ou uma tartaruga que rasteja a 0,5 milhas por hora e, simultaneamente, identificar a localização dos objectos. Mas no mundo quântico das partículas, fazer estes cálculos não é possível devido a uma relação matemática fundamental chamada princípio da incerteza.

Formulado pelo físico alemão e laureado com o Prémio Nobel Werner Heisenberg em 1927, o princípio da incerteza afirma que não podemos conhecer a posição e a velocidade de uma partícula, como um fotão ou um eletrão, com uma precisão perfeita; quanto mais determinamos a posição da partícula, menos sabemos sobre a sua velocidade e vice-versa.

Por outras palavras, se conseguíssemos encolher uma tartaruga até ao tamanho de um eletrão, só conseguiríamos calcular com precisão a sua velocidade *ou a* sua localização, não as duas coisas ao mesmo tempo.

Embora o princípio da incerteza de Heisenberg seja conhecido na física quântica, um princípio de incerteza semelhante também se aplica a problemas de matemática pura e física clássica - basicamente, qualquer objeto com propriedades ondulatórias será afetado por este princípio. Os objectos quânticos são especiais porque todos eles exibem propriedades ondulatórias devido à própria natureza da teoria quântica.

Para compreender a ideia geral subjacente ao princípio da incerteza, pense numa ondulação num lago. Para medir a sua velocidade, monitorizaríamos a passagem de múltiplos picos e vales. Quantos mais picos e vales passassem, mais exatamente saberíamos a velocidade de uma onda - mas menos poderíamos dizer sobre a sua posição. A localização é distribuída entre os picos e vales. Por outro lado, se quiséssemos saber a posição exacta de um pico de uma onda, teríamos de monitorizar apenas uma pequena secção da onda e perderíamos informação sobre a sua velocidade. Em suma: o princípio da incerteza descreve um compromisso entre duas propriedades complementares, como a velocidade e a posição.

O Princípio da Incerteza de Heisenberg afirma que existe uma incerteza inerente ao ato de medir uma variável de uma partícula. Aplicado habitualmente à posição e ao momento de uma partícula, o princípio afirma que quanto mais precisa for a posição conhecida, mais incerto é o momento e vice-versa. Este princípio é contrário à física newtoniana clássica, que considera que todas as variáveis das partículas são mensuráveis com uma incerteza arbitrária, com equipamento suficientemente bom. O Princípio da Incerteza de Heisenberg é uma teoria fundamental da mecânica quântica que define a razão pela qual um cientista não pode medir múltiplas variáveis quânticas em simultâneo. Até aos primórdios da mecânica quântica, considerava-se um facto que todas as variáveis de um objeto podiam ser conhecidas com precisão exacta e em simultâneo para um dado momento. A física newtoniana não impunha limites à forma como melhores procedimentos e técnicas poderiam reduzir a incerteza da medição, de modo que era concebível que, com o devido cuidado e precisão, toda a informação pudesse ser definida. Heisenberg propôs de forma ousada que existe um limite inferior para esta precisão, o que torna o nosso conhecimento de uma partícula inerentemente incerto. Mais especificamente, se conhecermos o momento exato da partícula, é impossível conhecer a sua posição exacta, e vice-versa. Esta relação também se aplica à energia e ao tempo, na medida em que não se pode medir a energia exacta de um sistema num período de tempo finito. As incertezas nos produtos dos "pares conjugados" (momento/posição) e (energia/tempo) foram definidas por Heisenberg como tendo um valor mínimo correspondente à constante de Planck dividida por 4π. Mais claramente:

$$\Delta p \Delta x \geq h4\pi \quad (1)$$
$$\Delta t \Delta E \geq h4\pi \quad (2)$$

Em que Δ se refere à incerteza nessa variável e h é a constante de Planck. Para além das definições matemáticas, podemos compreender este facto imaginando que quanto mais cuidadosamente se tenta medir a posição, maior é a perturbação do sistema, resultando em alterações no momento. Por exemplo, compare o efeito que a medição da posição tem no momento de um eletrão versus uma bola de ténis. Digamos que, para medir estes objectos, é necessária luz sob a forma de partículas de fotões. Estas partículas fotónicas têm uma massa e uma velocidade mensuráveis e entram em contacto com o eletrão e a bola de ténis para obter um valor para a sua posição. Quando dois objectos colidem com os seus respectivos momentos (p=m*v), transmitem esses momentos um ao outro. Quando o fotão entra em contacto com o eletrão, uma parte do seu momento é transferida e o eletrão desloca-se em relação a este valor, dependendo da razão entre as suas massas. A bola de ténis maior, quando medida, também sofrerá uma transferência de momento dos fotões, mas o efeito será menor porque a sua massa é várias ordens de grandeza superior à do fotão. Para dar uma descrição mais prática, imagine um tanque e uma bicicleta a colidirem um com o outro, o tanque representando a bola de ténis e a bicicleta o fotão. A massa do tanque, embora se desloque a uma velocidade muito mais lenta, aumentará o seu momento muito mais do que o da bicicleta, forçando-a a deslocar-se na direção oposta. O resultado final da medição da posição de um objeto conduz a uma alteração do seu momento e vice-versa. Todo o comportamento quântico segue este princípio e é importante para determinar a largura das linhas espectrais, uma vez que a incerteza na energia de um sistema corresponde a uma largura de linha observada em regiões do espetro de luz exploradas em Espectroscopia.

O que é que isso significa?

É difícil imaginar que não se possa saber exatamente onde se encontra uma partícula num determinado momento. Parece intuitivo que, se uma partícula existe no espaço, então podemos apontar para onde ela está; no entanto, o Princípio da Incerteza de Heisenberg mostra claramente o contrário. Isto deve-se à natureza ondulatória de uma partícula. Uma partícula está espalhada pelo espaço, pelo que não existe um local exato que ocupe, mas sim uma série de posições. Do mesmo modo, o momento não pode ser conhecido com exatidão, uma vez que uma partícula é constituída por um pacote de ondas, cada uma das quais tem o seu próprio momento, pelo que, na melhor das hipóteses, se pode dizer que uma partícula tem um intervalo de momento.

Consideremos que as variáveis quânticas podem ser medidas com exatidão. Uma onda que tem uma posição perfeitamente mensurável é colapsada num único ponto com um comprimento de onda indefinido e, portanto, um momento indefinido, de acordo com a equação de de Broglie. Da mesma forma, uma onda com um momento perfeitamente mensurável tem um comprimento de onda que oscila infinitamente em todo o espaço e, portanto, tem uma posição indefinida.

Poder-se-ia fazer a mesma experiência de pensamento com a energia e o tempo. Para medir com precisão a energia de uma onda seria necessário um tempo infinito, enquanto que para medir a instância exacta de uma onda no espaço seria necessário colapsar num único momento que teria uma energia indefinida.

Consequências

O Princípio de Heisenberg tem grande influência na ciência praticada e na forma como as experiências são concebidas. Consideremos a medição do momento ou da posição de uma partícula. Para criar uma medição, tem de ocorrer uma interação com a partícula que altere as suas outras variáveis. Por exemplo, para medir a posição de um eletrão, tem de haver uma colisão entre o eletrão e outra partícula, como um fotão. Isto irá transmitir parte do momento da segunda partícula ao eletrão que está a ser medido, alterando-o assim. Para uma medição mais precisa da posição do eletrão, seria necessária uma partícula com um comprimento de onda menor e, portanto, mais energética, mas isso alteraria ainda mais o momento durante a colisão. Uma experiência concebida para determinar o momento teria um efeito semelhante na posição. Consequentemente, as experiências só podem recolher informação sobre uma única variável de cada vez com alguma precisão.

Tabela periódica

Tabela periódica, em química, a disposição organizada de todos os elementos químicos por ordem crescente de número atómico - ou seja, o número total de protões no núcleo atómico. Quando os elementos químicos estão dispostos desta forma, existe um padrão recorrente chamado "lei periódica" nas suas propriedades, em que os elementos da mesma coluna (grupo) têm propriedades semelhantes. A descoberta inicial, efectuada por Dmitry I. Mendeleyev em meados do século XIX, tem sido de valor inestimável para o desenvolvimento da química.

Só na segunda década do século XX é que se reconheceu que a ordem dos elementos no sistema periódico é a dos seus números atómicos, cujos números inteiros são iguais às cargas eléctricas positivas dos núcleos atómicos expressas em unidades electrónicas. Nos anos seguintes, foram feitos grandes progressos na explicação da lei periódica em termos da estrutura eletrónica dos átomos e das moléculas. Esta clarificação aumentou o valor da lei, que é tão utilizada atualmente como no início do século XX, quando exprimia a única relação conhecida entre os elementos.

Os primeiros anos do século XIX testemunharam um rápido desenvolvimento da química analítica - a arte de distinguir diferentes substâncias químicas - e a consequente construção de um vasto conjunto de conhecimentos sobre as propriedades químicas e físicas de elementos e compostos. Esta rápida expansão do conhecimento químico rapidamente exigiu uma classificação, pois a classificação do conhecimento químico baseia-se não só na literatura sistematizada da química, mas também nas artes laboratoriais através das quais a química é transmitida como uma ciência viva de uma geração de químicos para outra. As relações eram mais facilmente discernidas entre os compostos do que entre os elementos; assim, a classificação dos elementos ficou muitos anos atrasada em relação à dos compostos. De facto, não se chegou a um acordo geral entre os químicos quanto à classificação dos elementos durante quase meio século após os sistemas de classificação dos compostos se terem estabelecido no uso geral.

Em 1817, J.W. Döbereiner demonstrou que o peso combinado, ou seja, o peso atómico, do estrôncio se situa a meio caminho entre o do cálcio e o do bário e, alguns anos mais tarde, demonstrou que existem outras "tríades" deste tipo (cloro, bromo e iodo [halogéneos] e lítio, sódio e potássio [metais alcalinos]). J.-B.-A. Dumas, L. Gmelin, E. Lenssen, Max von Pettenkofer e J.P. Cooke expandiram as sugestões de Döbereiner entre 1827 e 1858, mostrando que relações semelhantes se estendiam para além das tríades de elementos, sendo o flúor adicionado aos halogéneos e o magnésio aos metais alcalino-terrosos, enquanto o oxigénio, o enxofre, o selénio e o telúrio eram classificados como uma família e o azoto, o fósforo, o arsénio, o antimónio e o bismuto como outra família de elementos.

Posteriormente, tentou-se demonstrar que os pesos atómicos dos elementos podiam ser expressos por uma função aritmética e, em 1862, A.-E.-B. de Chancourtois propôs uma classificação dos elementos com base nos novos valores dos pesos atómicos fornecidos pelo sistema de Stanislao Cannizzaro de 1858. De Chancourtois traçou os pesos atómicos na superfície de um cilindro com uma circunferência de 16 unidades, correspondente ao peso atómico aproximado do oxigénio. A curva helicoidal resultante colocou os elementos estreitamente relacionados em pontos correspondentes acima ou abaixo uns dos outros no cilindro, e sugeriu, em consequência, que "as propriedades dos elementos são as propriedades dos números", uma previsão notável à luz dos conhecimentos modernos.

Classificação dos elementos

Em 1864, J.A.R. Newlands propôs classificar os elementos por ordem crescente de peso atómico, atribuindo-lhes números ordinais a partir da unidade e dividindo-os em sete grupos com propriedades estreitamente relacionadas com os primeiros sete elementos então conhecidos: hidrogénio, lítio, berílio, boro, carbono, azoto e oxigénio. Esta relação foi designada por lei das oitavas, por analogia com os sete intervalos da escala musical. Depois, em 1869, como resultado de uma extensa correlação entre as propriedades e os pesos atómicos dos elementos, com especial atenção à valência (isto é, o número de ligações simples que o elemento pode formar), Mendeleyev propôs a lei periódica, segundo a qual "os elementos dispostos de acordo com a magnitude dos pesos atómicos mostram uma mudança periódica de propriedades". Lothar Meyer tinha chegado independentemente a uma conclusão semelhante, publicada após o aparecimento do artigo de Mendeleyev.

A primeira tabela periódica

 A tabela periódica de Mendeleyev de 1869 continha 17 colunas, com dois períodos (sequências) quase completos de elementos, do potássio ao bromo e do rubídio ao iodo, precedidos por dois períodos parciais de sete elementos cada (do lítio ao flúor e do sódio ao cloro), e seguidos por três períodos incompletos. Num artigo de 1871, Mendeleyev apresentou uma revisão da tabela dos 17 grupos, sendo a principal melhoria o reposicionamento correto de 17 elementos. Ele, assim como Lothar Meyer, também propôs uma tabela com oito colunas, obtida pela divisão de cada um dos longos períodos num período de sete, um oitavo grupo contendo os três elementos centrais (como o ferro, o cobalto e o níquel; Mendeleyev também incluiu o cobre, em vez de o colocar no Grupo I) e um segundo período de sete. O primeiro e o segundo períodos de sete foram posteriormente distinguidos pela utilização das letras "a" e "b" ligadas aos símbolos dos grupos, que eram os algarismos romanos.
Com a descoberta dos gases nobres hélio, néon, árgon, crípton, rádon e xénon por Lord Rayleigh (John William Strutt) e Sir William Ramsay em 1894 e nos anos seguintes, Mendeleyev e outros propuseram que fosse acrescentado à tabela periódica um novo grupo "zero" para os acomodar. A forma de "período curto" da tabela periódica, com os grupos 0, I, II, ..., VIII, tornou-se popular e manteve-se em uso geral até cerca de 1930.

Com base num modelo anterior (1882) de T. Bayley, J. Thomsen, em 1895, concebeu uma nova tabela. Esta foi interpretada em termos da estrutura eletrónica dos átomos por Niels Bohr em 1922. Nesta tabela existem períodos de comprimento crescente entre os gases nobres; assim, a tabela contém um período de 2 elementos, dois de 8 elementos, dois de 18 elementos, um de 32 elementos e um período incompleto. Os elementos de cada período podem ser ligados por linhas de ligação a um ou mais elementos do período seguinte. A principal desvantagem desta tabela é o grande espaço requerido pelo período de 32 elementos e a dificuldade de traçar uma sequência de elementos muito semelhantes. Um compromisso útil consiste em comprimir o período de 32 elementos em 18 espaços, listando os 14 lantanóides (também designados por lantanídeos) e os 14 actinóides (também designados por actinídeos) numa linha dupla especial abaixo dos outros períodos.

Outras versões da tabela periódica
Foram propostas formas longas alternativas da tabela periódica. Uma das mais antigas, descrita por A. Werner em 1905, divide cada um dos períodos mais curtos em duas partes, uma em cada extremidade da tabela, sobre os elementos dos períodos mais longos com os quais mais se assemelham. As múltiplas linhas de ligação que unem os períodos na tabela do tipo Bayley são assim dispensadas. Esta classe de tabela também pode ser muito simplificada, removendo os elementos lantanóides e actinóides para uma área separada. Em meados do século XX, esta versão da tabela tornou-se a mais utilizada.
Valor preditivo da lei periódica

Descoberta de novos elementos
O grande valor da lei periódica foi evidenciado pelo sucesso de Mendeleyev em 1871 ao descobrir que as propriedades de 17 elementos podiam ser correlacionadas com as de outros elementos movendo os 17 para novas posições a partir das indicadas pelos seus pesos atómicos. Esta mudança indicava que havia pequenos erros nos pesos atómicos anteriormente aceites para vários elementos e grandes erros para outros, para os quais tinham sido utilizados múltiplos errados dos pesos combinados como pesos atómicos (o peso combinado é o peso de um elemento que se combina com um determinado peso de um padrão). Mendeleyev conseguiu também prever a existência, e muitas das propriedades, dos elementos eka-boro, eka-alumínio e eka-silício, então por descobrir, agora identificados com os elementos escândio, gálio e germânio, respetivamente. Do mesmo modo, após a descoberta do hélio e do árgon, a lei periódica permitiu prever a existência do néon, do crípton, do xénon e do rádon. Além disso, Bohr salientou que o elemento 72 em falta deveria, pela sua posição no sistema periódico, ser semelhante ao

zircónio nas suas propriedades e não às terras raras; esta observação levou G. de Hevesy e D. Coster, em 1922, a examinar minérios de zircónio e a descobrir o elemento desconhecido, a que deram o nome de háfnio.

Importância dos números atómicos

Apesar das correcções introduzidas pela redeterminação dos pesos atómicos, alguns dos elementos das tabelas periódicas de Mendeleyev e Lothar Meyer de 1871 ainda eram obrigados, pelas suas propriedades, a serem colocados em posições algo fora da ordem dos pesos atómicos. Nos pares árgon e potássio, cobalto e níquel, e telúrio e iodo, por exemplo, o primeiro elemento tinha o maior peso atómico, mas a posição anterior no sistema periódico. A solução para esta dificuldade só foi encontrada quando a estrutura do átomo foi melhor compreendida.

Por volta de 1910, as experiências de Sir Ernest Rutherford sobre a dispersão de partículas alfa pelos núcleos de átomos pesados levaram à determinação da carga eléctrica nuclear. Observou-se que a razão entre a carga nuclear e a carga do eletrão era cerca de metade do peso atómico. Em 1911, A. van den Broek sugeriu que esta quantidade, o número atómico, poderia ser identificada com o número ordinal do elemento no sistema periódico (seguindo o exemplo de Newlands, tinha-se tornado habitual numerar os elementos de acordo com a sua posição na tabela). Esta sugestão foi brilhantemente confirmada em 1913 pelas medições de H.G.J. Moseley dos comprimentos de onda das linhas espectrais de raios X características de muitos elementos, que mostraram que os comprimentos de onda dependiam de facto de uma forma regular dos números atómicos - idênticos aos números ordinais dos elementos na tabela. Já não existe qualquer incerteza quanto à posição de qualquer elemento na série ordenada do sistema periódico.

A existência de isótopos de cada elemento - átomos com o mesmo número atómico mas com pesos atómicos diferentes - demonstra que o peso atómico exato de um elemento não tem grande significado para a sua posição no sistema periódico. As propriedades químicas dos isótopos de um elemento são essencialmente as mesmas, e todos os isótopos de um elemento ocupam o mesmo lugar no sistema periódico, apesar das suas diferenças de peso atómico.

Elucidação da lei periódica

A compreensão detalhada do sistema periódico desenvolveu-se juntamente com a teoria quântica dos espectros e a estrutura eletrónica dos átomos, começando com o trabalho de Bohr em 1913. Avanços importantes foram a formulação das regras gerais da antiga teoria quântica por William Wilson e Arnold Sommerfeld em 1916, a descoberta do princípio de exclusão por Wolfgang Pauli em 1925, a descoberta do spin do eletrão por George E. Uhlenbeck e Samuel Goudsmit em 1925 e o desenvolvimento da mecânica quântica por Werner Heisenberg e Erwin Schrödinger durante o mesmo ano. O desenvolvimento da teoria eletrónica da valência e da estrutura molecular, começando com o postulado do par de electrões partilhados por Gilbert N. Lewis em 1916, também desempenhou um papel muito importante na explicação da lei periódica (ver ligação química).

A tabela periódica
Períodos
A tabela periódica dos elementos contém todos os elementos químicos descobertos ou fabricados; estão dispostos, por ordem do seu número atómico, em sete períodos horizontais, com os lantanóides (lantânio, 57, a lutécio, 71) e os actinóides (actínio, 89, a lawréncio, 103) indicados separadamente abaixo. Os períodos são de duração variável. Primeiro, há o período do hidrogénio, constituído pelos dois elementos hidrogénio, 1, e hélio, 2. Depois, há dois períodos de oito elementos cada: o primeiro período curto, do lítio, 3, ao néon, 10; e o segundo período curto, do sódio, 11, ao árgon, 18. Seguem-se dois períodos de 18 elementos cada: o primeiro período longo, do potássio, 19, ao crípton, 36; e o segundo período longo, do rubídio, 37, ao xénon, 54. O primeiro período muito longo de 32 elementos, do césio, 55, ao rádon, 86, é condensado em 18 colunas pela omissão dos lantanóides (que são indicados separadamente abaixo), permitindo que os restantes 18 elementos, que são muito semelhantes nas suas propriedades aos elementos correspondentes do primeiro e segundo períodos longos, sejam colocados diretamente abaixo destes elementos. O segundo período muito longo, de francium, 87, a oganesson, 118, está igualmente condensado em 18 colunas pela omissão dos actinóides.

Grupos
Classificação dos elementos em grupos
Os seis gases nobres - hélio, néon, árgon, crípton, xénon e rádon - encontram-se nas extremidades dos seis períodos completos e constituem o grupo 18 (0) do sistema periódico. É habitual referir-se às séries horizontais de elementos na tabela como períodos e às séries verticais como grupos. Os sete elementos do lítio ao flúor e os sete elementos correspondentes do sódio ao cloro são colocados nos sete grupos, 1 (Ia), 2 (IIa), 13 (IIIa), 14 (IVa), 15 (Va), 16 (VIa) e 17 (VIIa), respetivamente. Os 17 elementos do quarto período, do potássio, 19, ao bromo, 35, são distintos nas suas propriedades e são considerados como constituindo os Grupos 1-17 (Ia-VIIa) do sistema periódico.
O primeiro grupo, o dos metais alcalinos, inclui, para além do lítio e do sódio, os metais desde o potássio até ao frâncio, mas não os metais muito menos semelhantes do grupo 11 (Ib; cobre, etc.). Também se considera

que o segundo grupo, o dos metais alcalino-terrosos, inclui o berílio, o magnésio, o cálcio, o estrôncio, o bário e o rádio, mas não os elementos do grupo 12 (IIb). O grupo do boro inclui os elementos do grupo 13 (IIIa). Os outros quatro grupos são os seguintes o grupo do carbono, 14 (IVa), é constituído por carbono, silício, germânio, estanho, chumbo e fleróvio; o grupo do azoto, 15 (Va), inclui o azoto, o fósforo, o arsénio, o antimónio, o bismuto e o moscóvio; o grupo do oxigénio, 16 (VIa), inclui o oxigénio, o enxofre, o selénio, o telúrio, o polónio e o livermório; e o grupo dos halogéneos, 17 (VIIa), inclui o flúor, o cloro, o bromo, o iodo, o astato e a tennessina.

Embora o hidrogénio esteja incluído no Grupo 1 (Ia), não é muito semelhante aos metais alcalinos ou aos halogéneos nas suas propriedades químicas. No entanto, é-lhe atribuído o número de oxidação +1 em compostos como o fluoreto de hidrogénio, HF, e -1 em compostos como o hidreto de lítio, LiH; e pode, portanto, ser considerado como sendo semelhante a um elemento do Grupo 1 (Ia) e a um elemento do Grupo 17 (VIIa), respetivamente, em compostos destes dois tipos, tomando o lugar primeiro do Li e depois do F no fluoreto de lítio, LiF. O hidrogénio é, de facto, o mais individualista dos elementos: nenhum outro elemento se assemelha a ele da mesma forma que o sódio se assemelha ao lítio, o cloro se assemelha ao flúor e o néon se assemelha ao hélio. É um elemento único, o único elemento que não pode ser convenientemente considerado um membro de um grupo.

Um certo número de elementos de cada período longo é designado por metais de transição. Estes são geralmente considerados como escândio, 21, a zinco, 30 (os metais de transição do grupo do ferro); ítrio, 39, a cádmio, 48 (os metais de transição do grupo do paládio); e háfnio, 72, a mercúrio, 80 (os metais de transição do grupo da platina). Por esta definição, os metais de transição incluem os grupos 3 a 12 (IIIb a VIIIb, e Ib e IIb).

Tendências periódicas das propriedades

A periodicidade das propriedades dos elementos dispostos por ordem de número atómico é claramente demonstrada pela consideração do estado físico das substâncias elementares e de propriedades relacionadas, como o ponto de fusão, a densidade e a dureza. Os elementos do Grupo 18 (0) são gases de difícil condensação. Os metais alcalinos, no Grupo 1 (Ia), são sólidos metálicos moles com baixos pontos de fusão. Os metais alcalino-terrosos, no Grupo 2 (IIa), são mais duros e têm pontos de fusão mais elevados do que os metais alcalinos adjacentes. A dureza e o ponto de fusão continuam a aumentar nos Grupos 13 (IIIa) e 14 (IVa) e depois diminuem nos Grupos 15 (Va), 16 (VIa) e 17 (VIIa). Os elementos dos períodos longos mostram um aumento gradual da dureza e do ponto de fusão desde o início dos metais alcalinos até perto do centro do período e depois, no Grupo 16 (VIa), uma diminuição irregular até aos halogéneos e gases nobres.

A valência dos elementos (ou seja, o número de ligações formadas com um elemento padrão) está estreitamente correlacionada com a posição na tabela periódica, tendo os elementos dos grupos principais uma valência máxima positiva, ou número de oxidação, igual ao número do grupo e uma valência máxima negativa igual à diferença entre oito e o número do grupo.

As propriedades químicas gerais descritas como metálicas ou formadoras de bases, metalóides ou anfotéricas, e não metálicas ou formadoras de ácidos estão correlacionadas com a tabela periódica de uma forma simples: os elementos mais metálicos estão à esquerda e em baixo da tabela periódica e os elementos mais não metálicos estão à direita e em cima (ignorando os gases nobres). Os metalóides estão adjacentes a uma linha diagonal que vai do boro ao polónio. Uma propriedade intimamente relacionada é a eletronegatividade, a tendência dos átomos para reterem os seus electrões e para atraírem electrões adicionais. O grau de eletronegatividade de um elemento é demonstrado pelo potencial de ionização, afinidade eletrónica, potencial de oxidação-redução, energia de formação de ligações químicas e outras propriedades. A eletronegatividade depende da posição do elemento na tabela periódica, da mesma forma que o carácter não metálico, sendo o flúor o elemento mais eletronegativo e o césio (ou cálcio) o elemento menos eletronegativo (mais eletropositivo). Os tamanhos dos átomos dos elementos variam regularmente ao longo do sistema periódico. Assim, o raio de ligação efetivo (ou metade da distância entre átomos adjacentes) nas substâncias elementares nas suas formas cristalinas ou moleculares diminui ao longo do primeiro período curto, de 1,52 Å para o lítio para 0,73 Å para o flúor; no início do segundo período, o raio de ligação aumenta abruptamente para 1,86 Å para o sódio e diminui gradualmente para 0,99 Å para o cloro. O comportamento ao longo dos períodos longos é mais complexo: o raio de ligação diminui gradualmente de 2,31 Å para o potássio até um mínimo de 1,25 Å para o cobalto e o níquel, depois aumenta ligeiramente e finalmente cai para 1,14 Å para o bromo. As dimensões dos átomos são importantes para a determinação do número de coordenação (ou seja, o número de grupos ligados ao átomo central num composto) e, consequentemente, para a composição dos compostos. O aumento do tamanho atómico do canto superior direito da tabela periódica para o canto inferior esquerdo reflecte-se nas fórmulas dos ácidos oxigenados dos elementos nos seus estados de oxidação mais elevados. Os átomos mais pequenos agrupam apenas três átomos de oxigénio em torno de si próprios; os átomos imediatamente maiores, que coordenam um tetraedro de quatro átomos de oxigénio, encontram-se numa faixa diagonal; e os átomos ainda maiores, que formam complexos octaédricos de oxigénio (ácido estânico, ácido antimónico, ácido telúrico, ácido paraperiódico), situam-se abaixo e à esquerda desta faixa. Apenas as propriedades químicas e físicas dos elementos são determinadas pela estrutura eletrónica extranuclear; estas propriedades mostram a periodicidade descrita na lei periódica. As propriedades dos próprios núcleos atómicos, tais como a magnitude da fração de empacotamento e o poder de entrar em reacções nucleares, embora dependam do número atómico, não dependem da mesma forma periódica.

A base do sistema periódico
Estrutura eletrónica
Os gases nobres - hélio, néon, árgon, crípton, xénon, rádon e oganesson - têm a notável propriedade química de formar poucos compostos químicos. Esta propriedade dependeria do facto de possuírem estruturas electrónicas especialmente estáveis (isto é, estruturas tão firmemente unidas que não cederiam para acomodar ligações químicas normais). Durante o desenvolvimento da física atómica moderna e da teoria da mecânica quântica, obteve-se um conhecimento preciso e detalhado da estrutura eletrónica dos gases nobres e de outros átomos que explica a lei periódica

de uma forma completamente satisfatória.
Tabela periódica com configurações electrónicas
Tabela periódica dos elementos com números atómicos, símbolos e configurações electrónicas. O princípio de exclusão de Pauli estabelece que não mais do que dois electrões podem ocupar a mesma órbita - ou, em linguagem quântico-mecânica, orbital - num átomo e que dois electrões na mesma orbital devem estar emparelhados (ou seja, devem ter os seus spins opostos). As orbitais de um átomo podem ser descritas por um número quântico principal, n, que pode assumir os valores 1, 2, 3,..., e por um número quântico azimutal, l, que pode assumir os valores 0, 1, 2,..., n - 1. Existem 2l + 1 orbitais distintas para cada conjunto de valores de n e l. As orbitais mais estáveis, que aproximam mais o eletrão do núcleo, são as que têm os menores valores de n e l. Os electrões que ocupam a orbital com n = 1 (e l = 0) estão na camada K; as camadas L, M, N,... correspondem respetivamente a n = 2, 3, 4,.... Cada nível, com exceção do nível K, está dividido em subníveis correspondentes aos valores 0, 1, 2, 3,... do número quântico orbital l; estes subníveis são designados por subníveis s, p, d, f,... e podem alojar um máximo de 2, 6, 10, 14,... electrões. (Não existe qualquer significado especial para as letras que designam os números quânticos ou os níveis e subníveis).
A ordem aproximada de estabilidade dos sucessivos subcampos de um átomo está indicada no gráfico abaixo. O número de electrões nos átomos dos elementos aumenta com o aumento do número atómico, e os electrões adicionados vão, necessariamente, para camadas sucessivamente menos

estáveis. A camada mais estável, a camada K, é completada com o hélio, que tem dois electrões. A camada L é então completamente preenchida pelo néon, com número atómico 10. Os átomos dos gases nobres mais pesados não têm, no entanto, um invólucro exterior completo, mas apenas subcamadas s e p. A camada exterior de oito electrões é tradicionalmente designada por octeto. As subcamadas d e f são subsequentemente preenchidas com electrões após a ocupação das orbitais inicialmente menos estáveis, tendo ocorrido uma inversão da estabilidade com o aumento do número atómico.

O primeiro período da tabela periódica está completo no hélio, quando a camada K é preenchida com dois electrões. O primeiro e segundo períodos curtos representam o preenchimento das subcamadas 2s e 2p (completando a camada L no néon) e das subcamadas 3s e 3p (no árgon), deixando a camada M incompleta. O primeiro período longo começa com a introdução de electrões na orbital 4s. Em seguida, no escândio, as cinco orbitais 3d da camada M interna começam a ser ocupadas. É a ocupação sucessiva destas cinco orbitais 3d pelo seu complemento de dez electrões que caracteriza os dez elementos da série de transição do grupo do ferro. No crípton, a camada M está completa e existe um octeto na camada N. O segundo período longo, de 18 elementos, representa de forma semelhante a conclusão de um octeto exterior e a próxima subcamada interior de dez electrões 4d.

O período muito longo de 32 elementos resulta do preenchimento da subcamada 4f de 14 electrões, da subcamada 5d de 10 electrões e do octeto 6s, 6p. O preenchimento das orbitais 4f corresponde à sequência dos 14 lantanóides e o das orbitais 5d aos 10 metais de transição do grupo da platina.

O período seguinte envolve a subcamada 5f de 14 electrões, a subcamada 6d de 10 electrões e o octeto 7s, 7p. O preenchimento das orbitais 5f corresponde aos actinóides, os elementos que começam com o tório, de número atómico 90.

O que mantém o núcleo unido?

Aqui está o que eu chamaria de Resumo de uma frase de química. Se aprenderes apenas uma coisa sobre química, aprende isto. "Cargas opostas atraem-se, cargas semelhantes repelem-se". Entraremos em muito mais pormenores nos próximos artigos, mas vamos começar por pensar em alguns exemplos.

1. Cargas positivas atraem cargas negativas - Dois exemplos aqui. Pense no eletrão de carga negativa que orbita o núcleo de carga positiva. Ou o cloreto de sódio, que é composto por iões de sódio com carga positiva e iões de cloro com carga negativa. O positivo atrai o negativo. Verificar.

2. *As cargas negativas repelem as cargas negativas.* Talvez se lembre que a forma de uma molécula depende do número de ligações/pares de electrões à volta de um átomo. Porque é que a água é curvada, por exemplo? Porque os pares solitários do oxigénio ocupam espaço e os pares de electrões **repelem-se** até atingirem a distância máxima entre si. É também por isso que uma molécula como o metano é tetraédrica e não quadrada.

3. *As cargas positivas repelem as cargas positivas.* É mais difícil pensar em exemplos, mas aqui está um. É relativamente fácil adicionar um protão à água para obter $[H3O]+$, mas é **muito** difícil protoná-la para obter $[H4O]2+$ devido à repulsão.

É esta última que parece estranha. Se é tão difícil produzir $[H4O]2+$, por exemplo, como é que o núcleo se mantém unido, uma vez que é essencialmente constituído por protões com carga positiva e alguns neutrões? É especialmente estranho quando se considera que estas cargas positivas estão distribuídas por uma distância tão curta.

Vamos dar um passo atrás e olhar para o panorama geral para o descobrir.

A imagem realmente grande

Os físicos identificaram quatro forças fundamentais na natureza que são responsáveis por todos os fenómenos que observamos. São elas

- a gravidade, que actua a longa distância e é atractiva (mas fraca)
- Eletromagnetismo - responsável pelo comportamento dos campos eléctricos e magnéticos.
- A força nuclear fraca, responsável por certos tipos de decaimento nuclear (quando um neutrão se decompõe num protão e num eletrão, é a força nuclear fraca que está em ação).
- E depois chegamos à força nuclear forte, que actua a muito curta distância e é atractiva.

As forças variam em força ao longo de muitas, muitas ordens de grandeza (conseguir que a força gravitacional extremamente fraca se enquadre numa Teoria de Tudo, em particular, tem enlouquecido os físicos durante décadas).

Duas observações:

A química é predominantemente sobre eletromagnetismo.

O estudo da química é, em grande parte, o estudo dos electrões e da forma como estes fluem entre os átomos. Em química, estamos essencialmente a olhar para os electrões e núcleos como cargas pontuais e a tratar as ligações químicas que se formam entre eles como fenómenos electrostáticos. Além disso, os campos electromagnéticos acompanhados por estas cargas podem interagir com radiações com comprimentos de onda em todo o espetro electromagnético, dando origem à enorme

variedade de técnicas espectroscópicas que desenvolvemos para nos ajudar a dar pistas sobre a estrutura dos átomos e das moléculas.
E as outras forças na química? A gravidade é irrelevante - comparada com a força electromagnética, é um erro de arredondamento na 30ª casa decimal, essencialmente. A força nuclear fraca também não entra muito em jogo, especialmente quando se trata da química orgânica que vamos discutir. E a força nuclear forte? Tem um - e apenas um - papel importante na química que vamos discutir, e é só isso.

O que é que mantém o núcleo unido? A força nuclear forte.
A uma distância extremamente curta, é mais forte do que a repulsão eletrostática e permite que os protões se mantenham juntos num núcleo, apesar de as suas cargas se repelirem mutuamente. Lembre-se que o tamanho do núcleo é muito pequeno comparado com o tamanho de um átomo. Uma vez que funciona apenas em distâncias comparáveis ao diâmetro de um átomo, não se faz sentir a distâncias maiores e, para efeitos de química, ignoramo-la.
Quando se trata da força forte, há um ponto de equilíbrio. Os físicos observaram que o núcleo se torna cada vez mais estável com a adição de nucleões até ao ferro-56. Depois, à medida que são adicionados protões sucessivos, o núcleo torna-se cada vez mais *instável*, devido à repulsão eletrostática que supera a força nuclear atractiva. Quando se atinge um número atómico realmente elevado, o núcleo torna-se instável e pode fragmentar-se em componentes mais pequenos e estáveis. Esta é a base da fissão nuclear, ou a razão pela qual o urânio (número atómico 92) e o plutónio (número atómico 94) são utilizados na energia atómica (e nas armas nucleares). Assim, a uma distância suficientemente grande, há um limite para a quantidade de carga positiva que se pode colocar no núcleo sem o tornar altamente instável.

O que é uma assinatura isotópica?
Uma assinatura isotópica é o conjunto de rácios entre a quantidade dos vários isótopos de um elemento numa amostra.
As assinaturas isotópicas são vulgarmente conhecidas como impressões digitais, porque são semelhantes às impressões digitais humanas e são utilizadas para rastrear e localizar. Encontram-se na água, na terra, nas plantas e nos animais. Ao rastrear estas impressões digitais, os cientistas podem avaliar:
- ✓ A migração das espécies em terra e na água
- ✓ Cadeias alimentares e mudanças na dieta dos animais
- ✓ Proveniência geográfica e botânica dos alimentos
- ✓ A idade e a qualidade das massas de água, incluindo os aquíferos subterrâneos
- ✓ Origens da poluição da água e da atmosfera

Isótopos de mesa

Os primeiros 80 elementos da tabela periódica têm isótopos estáveis. As propriedades dos isótopos estáveis permitem-lhes ser utilizados para compreender e gerir os recursos hídricos e terrestres. São também utilizados em estudos ambientais, avaliações nutricionais e forenses.

Os isótopos estáveis de ocorrência natural, como os isótopos de hidrogénio, são utilizados através da medição das suas quantidades e rácios em amostras de água para determinar a idade e origem da água, compreender a sua história e reconhecer as suas fontes. Este processo é conhecido como hidrologia isotópica.

Podem também ser utilizados na agricultura. Utilizando biofertilizantes azotados marcados com o isótopo estável do azoto-15 (^{15} N), os cientistas podem seguir e determinar a eficácia com que as culturas estão a absorver o fertilizante. Isto é importante porque as plantas precisam de absorver o azoto para o converter nas proteínas necessárias. A utilização do^{15} N permite aos cientistas determinar a quantidade de fertilizante necessária para que as culturas atinjam o rendimento máximo.

Aplicação de solventes eutécticos profundos no pré-processamento da análise por espetrometria atómica

As técnicas de espetrometria atómica (EA) - que apresentam, por exemplo, elevada precisão, excelente seletividade, fácil operação e um breve tempo de análise - são técnicas analíticas modernas importantes para a análise qualitativa e quantitativa [1]. Exemplos de técnicas de AS incluem a espetrometria de absorção atómica (AAS), a espetrometria de emissão ótica (OES), a espetrometria de fluorescência atómica (AFS), a espetrometria de fluorescência de raios X (XRF) e a espetrometria de massa atómica (AMS) [2]. Tradicionalmente, os investigadores utilizam principalmente estas sub-técnicas de AS para analisar iões metálicos e os seus complexos em várias matrizes, especialmente em amostras aquosas ambientais. Com o desenvolvimento de estudos interdisciplinares, as aplicações da AS incluem agora fronteiras emergentes na investigação das ciências da vida. Tomando como exemplo a metalómica (cujo objetivo é proporcionar uma compreensão abrangente e sistemática da absorção, transporte, ação e excreção de metais em sistemas biológicos [3]), as técnicas de AS, tais como OES, AMS e AAS, podem fornecer informações sobre as espécies metálicas e as suas concentrações [2], enriquecendo substancialmente a compreensão dos investigadores sobre os processos acima referidos e facilitando assim o desenvolvimento da metalómica. No entanto, as espécies metálicas em amostras ambientais e biológicas complexas encontram-se geralmente ao nível do traço ou ultra-traço; assim, é necessário um pré-processamento adequado antes da análise por AS.

Os investigadores desenvolveram uma grande variedade de operações de pré-processamento para extrair, purificar, separar e concentrar analitos alvo de baixo teor a partir de amostras complexas [4]. Entre estas operações, a microextracção em fase líquida (LPME) [5] e a digestão de amostras sólidas [6] são dois dos métodos mais utilizados. Os solventes de extração tradicionais na LPME (tais como hexano, benzeno, metanol, clorofórmio, éter de petróleo, acetona e solventes orgânicos contendo cloro) apresentam uma forte toxicidade, volatilidade e inflamabilidade [7]; e representam riscos substanciais para a saúde humana e para os ecossistemas uma vez descarregados. Os métodos de digestão mais utilizados (por exemplo, digestão húmida e digestão por micro-ondas) são geralmente trabalhosos e demorados. Além disso, os solventes de digestão são frequentemente voláteis e corrosivos, pelo que representam riscos substanciais para a saúde dos operadores. Por conseguinte, o desenvolvimento de solventes ecológicos e seguros que reduzam o consumo de extractantes tradicionais e de solventes de digestão é uma área de investigação ativa. Como candidatos promissores na LPME, os líquidos iónicos (ILs) [8,9] têm as vantagens de, por exemplo, volatilidade negligenciável, não inflamabilidade, elevada solubilidade e boa condutividade; tornando os ILs promissores para reduzir a necessidade de extractores e solventes de digestão, e minimizando a descarga [10]. No entanto, os investigadores geralmente não utilizam a maioria das técnicas de AS para quantificar diretamente os analitos extraídos com os LI tradicionais devido às temperaturas de decomposição extremamente elevadas e às características iónicas de baixa volatilidade dos LI [5]. São frequentemente necessários solventes orgânicos adicionais para diluir as fases dos LI antes da análise por AS. Além disso, a preparação e a purificação dos LI tradicionais são morosas e, na maior parte dos casos, efectuadas com um aparelho especializado, o que limita substancialmente a aplicação e o desenvolvimento generalizados dos LI para a quantificação de analitos por AS [11].
Os solventes eutécticos profundos (DES) são complexos binários ou ternários compostos por dois ou mais componentes pouco tóxicos e pouco dispendiosos, misturados numa razão molar adequada [13,14]. Os investigadores utilizam amplamente os SF em várias etapas de pré-processamento para a análise de AS, como a extração e a digestão [15]. Em comparação com os LIs tradicionais, os SFs são mais facilmente sintetizados, são menos nocivos para o ambiente, têm custos de matéria-prima mais baixos e são facilmente degradáveis. Os solventes eutécticos profundos naturais (NADESs) são solventes alternativos recentemente desenvolvidos para extração e digestão [16,17]. Os investigadores sintetizam geralmente os NADESs utilizando ingredientes naturais, tais como metabolitos primários de plantas (por exemplo, açúcar). Os NADESs são ainda mais amigos do ambiente do que os DESs

convencionais devido à sua origem natural e apresentam grandes vantagens. Os DES e os NADES contêm geralmente um aceitador de ligações de hidrogénio (HBA) e um dador de ligações de hidrogénio (HBD) [18]. O HBA é geralmente um sal de amónio quaternário; e o HBD é geralmente uma amina, um ácido carboxílico, um poliol ou um hidrato de carbono [[19], [20], [21]]. Um dos HBAs mais utilizados é o sal de amónio quaternário biodegradável, barato e não tóxico conhecido como cloreto de colina (ChCl) [22,23]; que forma uma mistura eutéctica ao formar uma ligação de hidrogénio com o HBD [24]. Além disso, uma área ativa de investigação consiste em adaptar os DES (ajustando a composição e a estrutura do HBA e do HBD) para que apresentem funções especiais, satisfazendo assim vários requisitos de desempenho. É possível submeter diretamente a fase DES que contém o analito-alvo a sistemas AFS [25] para determinação sem diluição fastidiosa. No que diz respeito à análise por espetrometria de absorção atómica com chama (FAAS) [26] e por espetrometria de emissão ótica com plasma indutivamente acoplado (ICP-OES) [27,28], as simples diluições com água, HNO diluído$_3$, ou etanol reduzem a viscosidade da fase DES e aumentam o volume disponível para atomização. Globalmente, os DES constituem uma nova geração de IL e são solventes promissores e amigos do ambiente.

Tanto quanto é do nosso conhecimento, existem apenas algumas revisões que se centram nas aplicações dos SF, quer em domínios específicos, como a análise ambiental [29], a ciência alimentar [11] e as separações cromatográficas [30], quer em tecnologias de extração específicas, como a LPME [5,[31], [32], [33]] e a microextracção líquido-líquido dispersiva (DLLME) [4,[34], [35], [36]]. Não existe uma revisão sistémica das aplicações dos DES a métodos de pré-processamento que sejam pertinentes para métodos analíticos especiais como a AS. Para apresentar uma panorâmica geral da importância da investigação sobre DES no contexto da AS, a Fig. 1 resume a percentagem de estudos recentes sobre as aplicações de várias técnicas de AS baseadas em DES para pré-processamento e diferentes métodos auxiliares na DES-LPME, bem como as aplicações baseadas em DES na digestão de amostras com técnicas de AS.

A Química em tempos de Inteligência Artificial

Quando eu era estudante universitário, sempre tive problemas com a síntese de compostos químicos! Sempre me perguntei por que razão deveríamos preservar o método de síntese de diferentes materiais de alguma forma!

Este problema incomodava-me ao ponto de, na altura em que começava a surgir a nova geração de telemóveis inteligentes, me ter levado à ideia de encontrar uma forma de informatizar as matérias-primas dos compostos químicos para se combinarem entre si e obterem o produto desejado. Na verdade, estava a pensar num algoritmo!

Nessa altura, ainda não sabia nada sobre programação e ciência de dados; além disso, a aprendizagem automática ou a inteligência artificial ainda não estavam tão desenvolvidas. A minha ideia permaneceu estéril até conhecer a inteligência artificial; este é o início de uma nova era da química!

A Química em tempos de Inteligência Artificial

Em 1956, John McCarthy cunhou o termo "inteligência artificial" para se referir ao ramo da ciência da computação que se ocupa dos processos de aprendizagem de máquinas capazes de realizar tarefas que normalmente requerem a inteligência humana. Trata-se de replicar a inteligência humana em máquinas, o que se tornou um aspeto crucial da indústria tecnológica devido à sua capacidade de recolher e analisar dados a baixo custo, garantindo simultaneamente um ambiente de trabalho seguro. A inteligência artificial tem inúmeras aplicações, incluindo o processamento de linguagem natural, o raciocínio e a tomada de decisões estratégicas. Também pode modificar objectos com base em requisitos específicos. A inteligência artificial não se limita à engenharia, mas tem também muitas aplicações no domínio da química. É útil na conceção de moléculas e na previsão das suas propriedades, como o ponto de fusão, a solubilidade, a estabilidade, os níveis HOMO/LUMO, etc. Além disso, a inteligência artificial ajuda na descoberta de medicamentos, determinando as estruturas moleculares e os seus efeitos nos produtos químicos. Este processo é moroso devido à sua natureza multi-objetivo; no entanto, a inteligência artificial pode acelerá-lo utilizando conjuntos de dados previamente disponíveis. Em resumo, a inteligência artificial é um componente crítico da tecnologia moderna que permite às máquinas replicar a inteligência humana e realizar tarefas complexas. As suas aplicações estendem-se para além da engenharia, em domínios como a química, onde ajuda na descoberta de medicamentos e na conceção molecular.

Esta combinação permite o desenvolvimento de sistemas avançados de tratamento de água que são altamente eficientes e eficazes na remoção de poluentes das fontes de água. Ao utilizar a nanotecnologia, é possível criar materiais com propriedades únicas que podem remover seletivamente poluentes específicos da água. A inteligência artificial pode ser utilizada para otimizar o desempenho destes materiais e garantir que são utilizados da forma mais eficaz possível. Além disso, esta tecnologia também pode ser utilizada para monitorizar a qualidade da água em tempo real, permitindo a deteção precoce de potenciais eventos de contaminação. Isto é particularmente importante em áreas onde o acesso à água potável é limitado ou onde existem preocupações sobre a segurança da água potável.

Globalmente, a combinação da inteligência artificial e da nanotecnologia tem potencial para revolucionar a forma como tratamos e gerimos os nossos recursos hídricos. Constitui uma ferramenta poderosa para enfrentar alguns dos desafios ambientais mais prementes que a nossa sociedade enfrenta atualmente.

A química registou um aumento significativo de dados, que coincidiu com o advento de uma poderosa tecnologia informática. Isto permitiu a utilização de computadores para efetuar operações matemáticas, tais como as necessárias para a mecânica quântica, que é a base da química. Esta abordagem de aprendizagem dedutiva envolve a utilização de uma teoria para produzir dados. No entanto, descobriu-se também que os computadores podem ser utilizados para operações lógicas e que pode ser desenvolvido software para processar dados e informações, o que conduz à aprendizagem indutiva. Por exemplo, a compreensão da atividade biológica de um composto requer o conhecimento da sua estrutura. Ao analisar vários conjuntos de estruturas e as actividades biológicas correspondentes, é possível generalizar e adquirir conhecimentos sobre a relação entre a estrutura e a atividade biológica. Este domínio é conhecido como quimioinformática e surgiu a partir de métodos informáticos desenvolvidos nos anos 60 para a aprendizagem indutiva em química.

Inicialmente, foram desenvolvidos métodos para representar estruturas e reacções químicas em sistemas informáticos. Posteriormente, a quimiometria, um domínio que combinava técnicas estatísticas e de reconhecimento de padrões, foi introduzida para a aprendizagem indutiva. Estes métodos foram aplicados para analisar dados de química analítica. No entanto, os químicos também procuraram responder a questões complexas, tais como:

1) Determinar a estrutura necessária para um imóvel desejado;
2) Sintetizar a estrutura necessária;
3) Prever o resultado de uma reação.

Para prever as propriedades quantitativamente, os investigadores estabeleceram relações quantitativas estrutura-propriedade/atividade (QSPR e QSAR). Foram feitos esforços iniciais para desenvolver ferramentas de conceção de síntese assistidas por computador. Finalmente, foram necessários procedimentos automáticos para a elucidação da estrutura para responder à terceira questão.

Inteligência Artificial

Desde cedo, reconheceu-se que o desenvolvimento de sistemas para prever propriedades, conceber sínteses e elucidar estruturas em química exigiria um trabalho concetual significativo e tecnologia informática avançada. Consequentemente, os métodos emergentes das ciências informáticas foram aplicados à química, incluindo os que se enquadram no âmbito da inteligência artificial. Publicações como "Applications of

Artificial Intelligence for Chemical Inference" (Aplicações da Inteligência Artificial para a Inferência Química) surgiram do projeto DENDRAL da Universidade de Stanford, que visava prever estruturas de compostos a partir de espectros de massa. Apesar da colaboração entre químicos conceituados e cientistas informáticos e de esforços de desenvolvimento extensivos, o projeto DENDRAL acabou por ser descontinuado devido a várias razões, incluindo a reputação decrescente da inteligência artificial no final da década de 1970. Isto deve-se a vários factores, como a disponibilidade de grandes quantidades de dados, o aumento da capacidade de computação e novos métodos de processamento de dados. Estes métodos são frequentemente designados por "aprendizagem automática", embora não haja uma distinção clara entre este termo e a inteligência artificial.

Bases de dados
Inicialmente, foram exploradas várias representações de estruturas químicas legíveis por computador para processar e construir bases de dados de estruturas e reacções químicas. As notações lineares eram preferidas devido à sua concisão, mas exigiam um conjunto significativo de regras de codificação. No entanto, com o rápido desenvolvimento da tecnologia informática, o espaço de armazenamento tornou-se mais fácil e barato, permitindo a codificação de estruturas químicas de uma forma que abriu muitas possibilidades de processamento e manipulação de estruturas. Eventualmente, a representação de estruturas químicas através de uma tabela de ligações - listas de átomos e ligações - tornou-se a norma. Isto permite a representação da informação da estrutura com resolução atómica e o acesso a cada ligação de uma molécula. Apesar desta mudança, um código linear - a notação SMILES - continua a ser amplamente utilizado devido à sua facilidade de conversão numa tabela de ligações e à sua adequação para partilhar informações sobre estruturas químicas em linha. Uma estrutura molecular pode ser vista como um gráfico matemático. Para armazenar e recuperar estruturas químicas de forma adequada, foi necessário resolver vários problemas teóricos de grafos, como a numeração única e inequívoca dos átomos de uma molécula, a perceção de anéis, a perceção de tautómeros, etc. A utilização de tabelas de ligação permitiu o desenvolvimento de métodos de pesquisa de estruturas completas, subestruturas e semelhanças.

Previsão de propriedades
Esta abordagem é conhecida como modelação quantitativa da relação estrutura-atividade (QSAR). Os modelos QSAR têm sido utilizados com sucesso para prever uma vasta gama de propriedades, incluindo toxicidade, bioatividade e propriedades físicas, como a solubilidade e o ponto de fusão. Outra abordagem à previsão de propriedades é a utilização

de algoritmos de aprendizagem automática. Estes algoritmos podem analisar grandes quantidades de dados e identificar padrões que podem ser utilizados para efetuar previsões. A aprendizagem automática tem sido aplicada a uma variedade de problemas químicos, incluindo a descoberta de medicamentos e a conceção de materiais. De um modo geral, a capacidade de prever propriedades químicas é essencial para a descoberta de medicamentos, a ciência dos materiais e muitos outros domínios. O desenvolvimento de métodos para processar estruturas químicas e construir bases de dados permitiu a criação de ferramentas poderosas para prever propriedades e acelerar a descoberta científica.

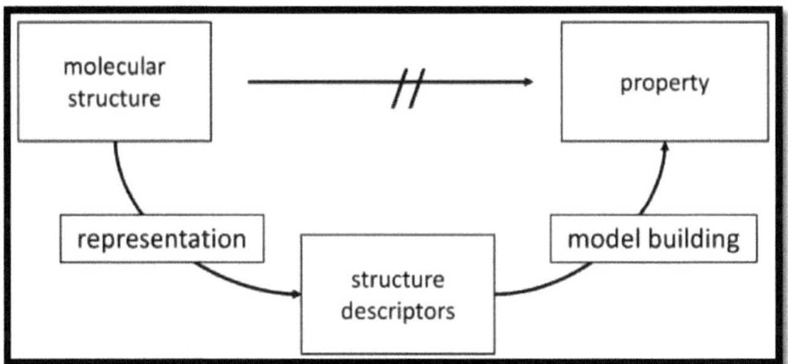

Esta abordagem é conhecida como relação quantitativa estrutura-propriedade-atividade (QSPR, QSAR). Foram desenvolvidos muitos métodos diferentes para o cálculo dos descritores de estrutura. Estes métodos representam as moléculas com cada vez mais pormenor: descritores 1D, 2D, 3D, representações das propriedades da superfície molecular e até mesmo tendo em conta a flexibilidade molecular. Além disso, está disponível uma grande variedade de métodos matemáticos para modelar a relação entre os descritores moleculares e a propriedade de um composto. Estes são os métodos de aprendizagem indutiva e são, por vezes, designados por métodos de análise de dados, aprendizagem automática ou extração de dados. Incluem métodos como uma simples análise de regressão multilinear, uma variedade de métodos de reconhecimento de padrões, florestas aleatórias, máquinas de vectores de apoio e redes neuronais artificiais. As redes neuronais artificiais (RNA) tentam modelar o processamento de informação no cérebro humano e oferecem um grande potencial para o estudo de dados químicos. Para estabelecer uma relação entre os descritores moleculares e a propriedade, têm de ser atribuídos valores, os chamados pesos, às ligações entre os neurónios. Na maior parte das vezes, isto é conseguido através do chamado algoritmo de retropropagação, apresentando repetidamente pares de descritores moleculares e as suas propriedades; estas iterações atingem frequentemente os dez mil e mais. Uma RNA tem a vantagem de não precisar de especificar ou conhecer a relação matemática entre as unidades de entrada e a saída; esta está implicitamente estabelecida nos pesos e pode também incluir relações não lineares. Era tentador pensar que, com as redes neuronais artificiais, o domínio da inteligência artificial estava a despertar de novo. E, de facto, nos últimos anos, termos como aprendizagem profunda ou redes neuronais profundas apareceram em muitos domínios, incluindo a química, que proporcionam um renascimento do domínio da inteligência artificial. Uma rede neuronal profunda (note-se que a rede foi rodada 90 graus em relação à da figura).

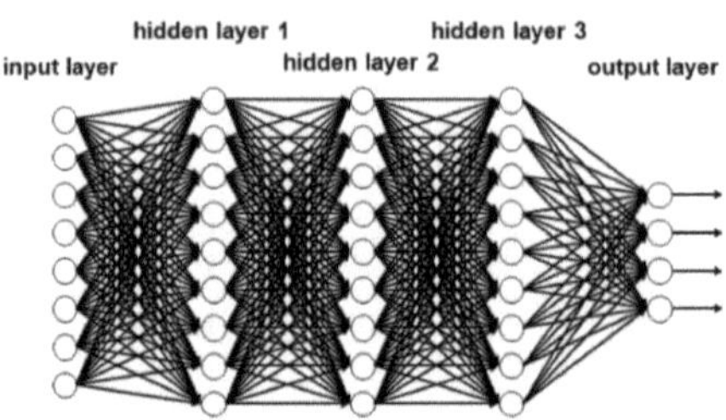

As redes neuronais profundas (DNN) têm algumas arquitecturas bastante complexas com várias camadas ocultas, o que tem como consequência a necessidade de determinar muitos pesos para as ligações, a fim de evitar o sobreajuste. Foi necessário desenvolver novas abordagens e algoritmos para obter redes que tenham uma verdadeira capacidade de previsão. As redes neuronais profundas necessitam de uma grande quantidade de dados para serem treinadas, a fim de obter modelos verdadeiramente preditivos. A maioria das aplicações das redes neuronais profundas tem sido feita na conceção de medicamentos e na análise de dados de reacções (ver infra).

Previsão de reacções e conceção de síntese assistida por computador (CASD)

Estes novos sistemas utilizam algoritmos de aprendizagem automática e redes neuronais profundas para prever reacções e sugerir vias de síntese. A precisão destes sistemas melhorou significativamente, com alguns a atingirem taxas de sucesso superiores a 90% na previsão de reacções e na sugestão de vias de síntese. Estes sistemas têm o potencial de revolucionar o domínio da síntese orgânica, permitindo aos químicos conceber novas moléculas e sintetizá-las de forma mais eficiente. No entanto, ainda há desafios a ultrapassar, como a necessidade de bases de dados de reacções mais abrangentes e o desenvolvimento de modelos de aprendizagem automática mais precisos. No entanto, os progressos efectuados nos últimos anos sugerem que a conceção de síntese assistida por computador se tornará uma ferramenta cada vez mais importante para os químicos orgânicos no futuro. O desenvolvimento de sistemas de conceção de síntese assistida por computador (CASD) tem sido dificultado até recentemente devido a bases de dados de reacções e procedimentos de pesquisa limitados. No entanto, com a disponibilidade de grandes bases de dados de reacções e de novos algoritmos de processamento de dados, foram desenvolvidos sistemas CASD que utilizam algoritmos de aprendizagem automática e redes neuronais profundas para prever reacções e sugerir vias de síntese. Estes sistemas alcançaram elevadas taxas de sucesso na previsão de reacções e na sugestão de rotas sintéticas, com o potencial de revolucionar a síntese orgânica. No entanto, continuam a existir desafios, como a necessidade de bases de dados de reacções mais abrangentes e de modelos de aprendizagem automática mais precisos. Também foram desenvolvidos métodos de cálculo de valores para conceitos como a acessibilidade sintética ou a complexidade atual para ajudar os químicos a selecionar moléculas para investigação posterior. A combinação de grandes bases de dados de reacções com novos algoritmos de processamento de dados amadureceu os sistemas CASD, tornando-os uma ferramenta valiosa para os químicos orgânicos no planeamento do trabalho laboratorial.

Os sistemas de conceção de síntese assistida por computador (CASD) surgiram recentemente como uma ferramenta valiosa para os químicos orgânicos, facilitada pela disponibilidade de grandes bases de dados de reacções e de novos algoritmos de processamento de dados. Os algoritmos de aprendizagem automática e as redes neuronais profundas têm sido utilizados para prever reacções e sugerir vias de síntese, alcançando elevadas taxas de sucesso. No entanto, continuam a existir desafios, como a necessidade de bases de dados de reacções mais abrangentes e de modelos de aprendizagem automática mais precisos. Também foram desenvolvidos métodos de cálculo de valores para conceitos como a acessibilidade sintética ou a complexidade atual para ajudar os químicos a selecionar moléculas para investigação posterior. A combinação de grandes bases de dados de reacções com novos algoritmos de processamento de dados amadureceu os sistemas CASD, tornando-os uma ferramenta promissora para o planeamento do trabalho laboratorial. Além disso, a utilização combinada de métodos bioinformáticos e quimioinformáticos conduziu a descobertas interessantes no estudo de vias bioquímicas, incluindo a identificação das principais vias para a doença periodontal e a derivação de vias de formação de sabor no queijo por bactérias lácticas. Por último, novos métodos de inteligência artificial, como as arquitecturas de aprendizagem profunda, estão a ser aplicados à previsão de vias metabólicas, oferecendo possibilidades interessantes de redesenho de vias.

Descoberta de produtos cosméticos

Nos últimos anos, os métodos de quimioinformática e bioinformática que estabeleceram o seu valor na descoberta de medicamentos, como a modelação molecular, a conceção baseada na estrutura, as simulações de dinâmica molecular e a expressão genética, foram também utilizados no desenvolvimento de novos produtos cosméticos. Assim, foram desenvolvidos novos hidratantes para a pele e compostos anti-envelhecimento. Na União Europeia, foi aprovada legislação com a Diretiva Cosméticos, segundo a qual já não é permitida a adição de substâncias químicas a produtos cosméticos que tenham sido testados em animais. Este facto deu um grande impulso à criação de modelos informáticos para a previsão da toxicidade das substâncias químicas a incluir potencialmente nos produtos cosméticos.

Ciência dos materiais

A previsão das propriedades dos materiais é provavelmente a área mais ativa da quimioinformática. As propriedades investigadas vão desde as propriedades de nanomateriais, materiais de medicina regenerativa, células solares, catalisadores homogéneos ou heterogéneos, electrocatalisadores, diagramas de fase, cerâmicas ou propriedades de solventes supercríticos. Surgiram revisões. Na maioria dos casos, a estrutura química do material investigado não é conhecida e, por conseguinte, têm de ser escolhidos outros tipos de descritores para representar um material para um estudo QSAR. Os materiais podem ser representados por propriedades físicas, como o índice de refração ou o ponto de fusão, os espectros, os componentes ou as condições de produção do material, etc. A utilização de métodos quimioinformáticos na ciência dos materiais é particularmente oportuna, uma vez que, na maioria dos casos, as propriedades de interesse dependem de muitos parâmetros e não podem ser diretamente calculadas. Um modelo QSAR permitiria a conceção de novos materiais com a propriedade desejada.

Controlo de processos

O problema da deteção de falhas em processos químicos e o controlo de processos beneficiaram muito cedo da aplicação de redes neurais artificiais. Seis universidades europeias desenvolveram um curso global sobre a aplicação da inteligência artificial no controlo de processos. Os processos químicos geram rapidamente uma série de dados sobre o fluxo de produtos químicos, a concentração, a temperatura, a pressão, a distribuição dos produtos, etc. Estes dados têm de ser utilizados para reconhecer potenciais falhas no processo e para o repor rapidamente no seu estado ótimo. As relações entre os vários dados produzidos pelos sensores e a quantidade de produto desejado não podem ser explicitamente dadas, o que torna este caso ideal para a aplicação de técnicas poderosas de modelação de dados. Foram obtidos alguns resultados excelentes em processos como os processos petroquímicos ou farmacêuticos, o tratamento de águas, a agricultura, o fabrico de ferro, a desnitrificação de gases de escape, o funcionamento de colunas de destilação, etc.

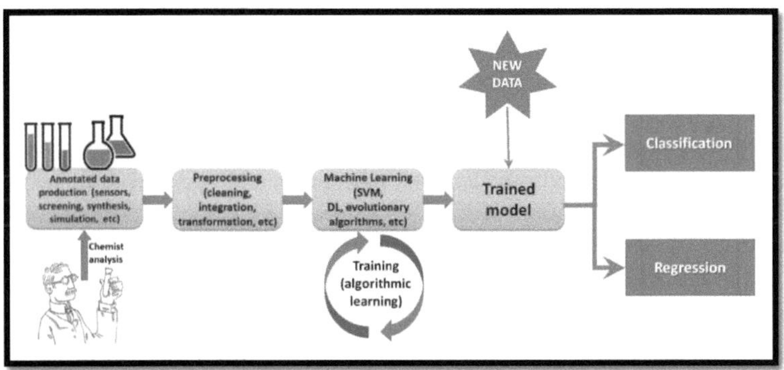

O percurso de fluxo padrão do ML, desde a produção de dados até à classificação ou inferência.

Identificação de compostos com algoritmos genéticos

A computação bio-inspirada envolve o desenvolvimento de procedimentos que imitam mecanismos observados em ambientes naturais. Por exemplo, os algoritmos genéticos são inspirados no conceito de evolução de Charles Darwin e utilizam o princípio da "sobrevivência do mais apto" para facilitar a otimização. Neste processo, os compostos activos cruzam-se e sofrem mutações para produzir novos compostos com novas propriedades. Os compostos que apresentam propriedades úteis são seleccionados para síntese posterior, enquanto os que não apresentam propriedades úteis são ignorados. Após várias gerações, surgem novos compostos funcionais com propriedades herdadas e adquiridas. Este processo requer uma modelação precisa da composição, métodos de mutação adequados e avaliações de aptidão robustas que podem ser obtidas computacionalmente, reduzindo a necessidade de experiências dispendiosas. Nos algoritmos genéticos, cada caraterística composicional ou estrutural de um composto é considerada um gene. Os genes químicos incluem factores como os componentes individuais, o tamanho do bloco de polímero, a composição dos monómeros e a temperatura de processamento. O genoma contém todos os genes de uma combinação e as propriedades resultantes são conhecidas como fenótipo. Os algoritmos genéticos analisam o espaço de pesquisa dos domínios dos genes para identificar os fenótipos mais adequados com base numa função de aptidão. A relação entre o genoma e o fenótipo cria uma perspetiva de aptidão, como mostra a figura abaixo para dois genes hipotéticos relacionados com processos de síntese de polímeros destinados a taxas de endurecimento elevadas. A perspetiva da aptidão está implícita no modelo do problema definido pelos domínios dos genes e pela função de aptidão. O algoritmo genético move-se ao longo da paisagem gerando novas combinações e evitando combinações que não melhoram a aptidão. Este mecanismo aumenta a probabilidade de obter as propriedades desejadas. A computação bio-inspirada consiste em imitar mecanismos naturais para desenvolver métodos de otimização. Os algoritmos genéticos, inspirados no conceito de evolução de Charles Darwin, utilizam o princípio da "sobrevivência do mais apto" para criar novas combinações com novas características. Cada caraterística é considerada uma combinação de um gene, e o genoma inclui todos os genes de uma combinação, resultando num fenótipo. Os algoritmos genéticos analisam o espaço de pesquisa dos domínios dos genes para identificar os fenótipos mais adequados com base numa função de aptidão. A relação entre o genoma e o fenótipo cria um cenário de aptidão que está implícito no modelo do problema definido pelos domínios dos genes e pelas funções de aptidão. Este mecanismo aumenta a probabilidade de obter as propriedades desejadas. A eficácia dos algoritmos genéticos foi demonstrada em vários domínios, incluindo a otimização de catalisadores e a ciência dos materiais.

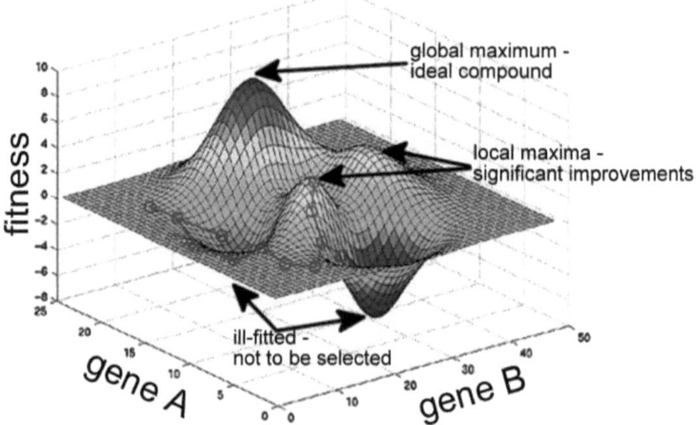

Uma paisagem de aptidão considerando dois genes hipotéticos como, por exemplo, o tamanho do bloco e a temperatura de processamento da síntese de um polímero. A aptidão pode ser a dureza, por exemplo.
A paisagem contém máximos locais, um máximo global e um mínimo global.
A vermelho, o percurso de um algoritmo genético ao longo de 11 iterações.

Previsão de síntese utilizando ML

A tarefa difícil de sintetizar novos compostos, particularmente em química orgânica, levou à procura de métodos baseados em máquinas que possam prever as moléculas produzidas a partir de um determinado conjunto de reagentes e reagentes. A abordagem de Corey e Wipke de 1969 utilizou modelos produzidos por químicos especializados para definir o rearranjo da conetividade dos átomos em condições específicas. No entanto, os conjuntos limitados de modelos impediram que o seu método abrangesse uma vasta gama de condições. A utilização de modelos ou regras para transferir conhecimentos de peritos humanos para computadores ganhou um interesse renovado devido ao potencial de geração automática de regras utilizando grandes conjuntos de dados, como se verifica na medicina e na ciência dos materiais. Os métodos de aprendizagem automática, como as redes neuronais, têm sido bem sucedidos na previsão de resultados de retrossíntese utilizando grandes conjuntos de dados. A aprendizagem profunda parece ser a abordagem mais promissora para explorar grandes espaços de pesquisa. Experiências recentes utilizando algoritmos de ML de previsão de ligações num gráfico de conhecimento construído a partir de milhões de reacções binárias mostraram uma elevada precisão na previsão de produtos e na deteção de reacções improváveis.

Exemplo de uma reação e do respetivo modelo de reação.
A reação está centrada nas áreas realçadas a verde.
O modelo correspondente inclui o centro de reação e os grupos funcionais próximos.

Reproduzido a partir de A procura de métodos baseados em máquinas para prever as moléculas produzidas a partir de um determinado conjunto de reagentes e reagentes em química orgânica levou à utilização de modelos e regras para transferir conhecimentos de peritos humanos para computadores. No entanto, o facto de os conjuntos de modelos serem limitados impediu que estes métodos abrangessem uma vasta gama de condições. Experiências recentes que utilizam métodos de aprendizagem automática (ML), como as redes neuronais e a aprendizagem profunda (DL), demonstraram uma elevada precisão na previsão de produtos e na deteção de reacções improváveis. A aprendizagem profunda parece ser a abordagem mais promissora para explorar grandes espaços de pesquisa e tem sido utilizada para prever resultados de reacções químicas através da assimilação de padrões latentes para generalizar a partir de um conjunto de exemplos. A linguagem química SMILES tem sido utilizada em modelos de DL para representar estruturas moleculares como gráficos e cadeias de caracteres passíveis de processamento computacional. As DNNs foram utilizadas para prever reacções com um desempenho superior ao dos anteriores sistemas especializados baseados em regras, atingindo uma precisão de 97% num conjunto de validação de 1 milhão de reacções. Além disso, as DNN foram utilizadas para mapear moléculas discretas num espaço multidimensional contínuo, onde é possível prever propriedades de vectores existentes e prever novos vectores com determinadas propriedades. As técnicas de otimização podem então ser utilizadas para procurar as melhores moléculas candidatas.

A aprendizagem a partir de dados foi sempre uma pedra angular da investigação química. Nos últimos sessenta anos, foram introduzidos na química métodos informáticos para converter dados em informação e, em seguida, obter conhecimentos a partir dessa informação. Isto levou à criação do domínio da quimioinformática, que registou uma evolução impressionante nos últimos 60 anos e encontrou aplicações na maioria dos domínios da química, desde a conceção de medicamentos até à ciência dos materiais. As técnicas de inteligência artificial tiveram recentemente um renascimento na química e terão de ser optimizadas para nos permitirem também compreender os fundamentos básicos dos dados químicos. Esta análise examina o crescimento e a distribuição das publicações de química relacionadas com a IA nas últimas duas décadas, utilizando a Coleção de Conteúdos CAS. O volume de publicações em revistas e patentes aumentou significativamente, sobretudo desde 2015. A química analítica e a bioquímica integraram a IA em maior medida e com as taxas de crescimento mais elevadas. Foram também identificadas tendências de investigação interdisciplinares, juntamente com associações emergentes de IA com determinados tópicos de investigação em química. Foram avaliadas publicações notáveis em várias disciplinas da química para destacar casos de utilização emergentes. A ocorrência de diferentes classes de substâncias e os seus papéis na investigação química relacionada com a IA foram quantificados, detalhando a popularidade da adoção da IA nas ciências da vida e na química analítica. A IA pode ser aplicada a várias tarefas no domínio da química, em que as relações complexas estão frequentemente presentes em conjuntos de dados. As implementações de IA reduziram drasticamente o esforço experimental e de conceção, permitindo a automatização laboratorial, a previsão de bioactividades de novos medicamentos, a otimização das condições de reação e a sugestão de rotas sintéticas para moléculas-alvo complexas. Esta análise contextualiza o panorama atual da IA na química, proporcionando uma compreensão das suas direcções futuras.

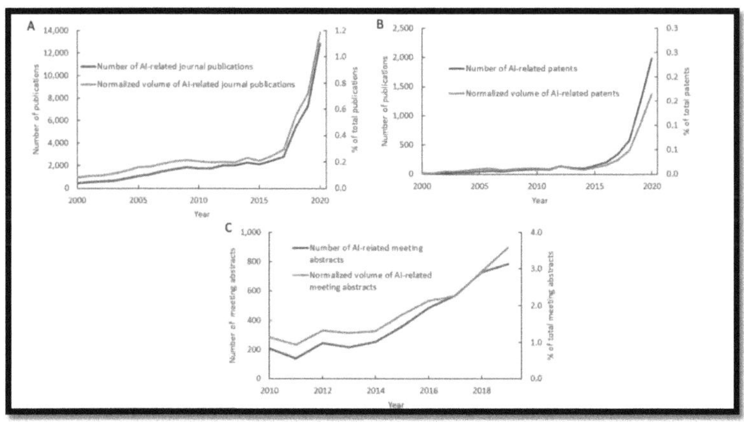

Volume anual de publicações em química relacionada com a IA de 2000 a 2020: (A) publicações em revistas, (B) publicações de patentes e (C) resumos de reuniões nacionais da ACS.

Esta revisão analisa o crescimento e a distribuição das publicações de química relacionadas com a IA ao longo das duas últimas décadas, utilizando a coleção de conteúdos CAS. O volume de publicações em revistas e patentes aumentou significativamente desde 2015, em particular, uma vez que a química analítica e a bioquímica integraram a inteligência artificial com a maior quantidade e a maior taxa de crescimento. Foram identificadas tendências de investigação interdisciplinares, juntamente com ligações emergentes da inteligência artificial a tópicos específicos de investigação em química. Foram avaliadas publicações significativas em várias disciplinas da química para destacar aplicações emergentes. A popularidade da adoção da inteligência artificial nas ciências da vida e na química analítica foi determinada através da análise da ocorrência de diferentes classes de materiais e do seu papel na investigação química relacionada com a inteligência artificial. A inteligência artificial reduziu a conceção e o esforço experimentais, permitindo a automatização laboratorial, prevendo as bioactividades de novos medicamentos, optimizando as condições de reação e sugerindo rotas sintéticas para moléculas-alvo complexas. Esta análise examina o panorama atual da inteligência artificial na química e fornece uma perspetiva das suas futuras direcções. O corpus de conteúdo do CAS foi pesquisado para identificar publicações relacionadas com a inteligência artificial de 2000 a 2020, com base em vários termos de inteligência artificial no título, palavras-chave, texto do resumo e conceitos seleccionados por peritos do CAS. Foram identificadas cerca de 70 000 publicações em revistas e 17 500 patentes da coleção de conteúdos do CAS como estando relacionadas com a IA. O número de publicações em revistas e de patentes aumentou ao longo do tempo e apresentou tendências semelhantes de crescimento rápido após 2015. A proporção de investigação relacionada com a inteligência artificial está a aumentar, o que indica um aumento absoluto dos esforços de investigação em matéria de inteligência artificial na química.

Esta revisão analisa o crescimento e a distribuição das publicações de química relacionadas com a IA ao longo das duas últimas décadas, utilizando a Coleção de Conteúdos do CAS. O volume de publicações em revistas e patentes aumentou significativamente, especialmente desde 2015, com a química analítica e a bioquímica a integrarem a IA em maior medida e com as taxas de crescimento mais elevadas. Foram identificadas tendências de investigação interdisciplinares, juntamente com associações emergentes de IA com tópicos específicos de investigação em química. Foram avaliadas publicações notáveis em várias disciplinas da química para destacar casos de utilização emergentes. A popularidade da adoção da IA nas ciências da vida e na química analítica foi quantificada através da análise da ocorrência de diferentes classes de substâncias e dos seus papéis na investigação química relacionada com a IA. A IA reduziu o esforço experimental e de conceção, permitindo a automatização laboratorial, a previsão de bioactividades de novos medicamentos, a otimização das condições de reação e a sugestão de rotas sintéticas para moléculas-alvo complexas. Esta revisão contextualiza o panorama atual da IA na química e fornece uma compreensão das suas direcções futuras. A Coleção de Conteúdos do CAS foi pesquisada para identificar publicações relacionadas com a IA de 2000 a 2020 com base em vários termos de IA no seu título, palavras-chave, texto do resumo e conceitos seleccionados por peritos do CAS. Foram identificadas cerca de 70 000 publicações de revistas e 17 500 patentes da Coleção de Conteúdos do CAS como estando relacionadas com a IA. O número de publicações em revistas e de patentes aumentou com o tempo, apresentando tendências semelhantes de crescimento rápido após 2015. A proporção de investigação relacionada com a IA está a aumentar, o que sugere um aumento absoluto do esforço de investigação no domínio da IA em química.

A		B		C	
Country/Region	%	Country/Region	%	Organization	No. of Patents
Peop. Rep. China	26.52	Peop. Rep. China	39.03	LG	263
USA	17.20	USA	21.09	IBM	222
India	5.79	S. Korea	10.03	Fanuc	151
Iran	5.46	Japan	7.54	Siemens	115
UK	3.94	India	2.50	Ping An Technology	95
Germany	3.77	Germany	2.30	Koninklijke Philips	94
Japan	3.21	Canada	1.24	Samsung	86
S. Korea	2.59	UK	1.01	Baidu	71
Spain	2.25	Israel	0.84	Toyota	59
Italy	2.03	Netherland	0.81	Microsoft	56
Canada	2.02	Taiwan	0.78	General Electric	47
Turkey	1.68	France	0.64	Bosch	47
Brazil	1.65	Switzerland	0.45	Tata Consultancy Services	46
France	1.58	Russia	0.41	Tencent	44
Australia	1.46	Ireland	0.34	Mitsubishi Electric Corporation	42
Poland	1.21	Australia	0.32	Google	41
Taiwan	1.15	Saudi Arabia	0.23	Accenture	40
Malaysia	0.95	Sweden	0.23	ChemEssen	38
Switzerland	0.90	Finland	0.22	Fujifilm	32
				Ford	31

Distribuição das publicações relacionadas com a IA por país/região e empresa de 2000 a 2020. (A) Os 20 principais países/regiões em número de publicações em jornais.
(B) Os 20 principais países/regiões em número de publicações de patentes.
(C) As 20 maiores empresas em número de publicações de patentes.

Neste documento, analisa-se o crescimento e a distribuição das publicações de química relacionadas com a IA ao longo das duas últimas décadas, utilizando a coleção de conteúdos CAS. O volume de publicações em revistas e patentes aumentou significativamente, especialmente desde 2015, com a química analítica e a bioquímica a incorporarem mais a IA e com as taxas de crescimento mais elevadas. Foram identificadas tendências de investigação interdisciplinares, juntamente com ligações emergentes da inteligência artificial a tópicos específicos de investigação em química. Foram avaliadas publicações significativas em várias disciplinas da química para destacar aplicações emergentes. A popularidade da adoção da inteligência artificial nas ciências da vida e na química analítica foi determinada através da análise da ocorrência de diferentes classes de materiais e do seu papel na investigação química relacionada com a inteligência artificial. A inteligência artificial reduziu a conceção e o esforço experimentais, permitindo a automatização laboratorial, prevendo as bioactividades de novos medicamentos, optimizando as condições de reação e sugerindo rotas sintéticas para moléculas-alvo complexas. Esta análise examina o panorama atual da inteligência artificial na química e fornece uma perspetiva das suas futuras direcções. Em seguida, foram extraídos os países/regiões e organizações de origem dos documentos de química relacionados com a IA para determinar a sua distribuição. A China e os Estados Unidos registaram o maior número de publicações, tanto de artigos de revistas como de patentes. Os criadores de diagnósticos médicos e as empresas de tecnologia constituem uma grande parte dos licenciados comerciais da investigação química sobre IA. Foram também analisadas as tendências de publicação em áreas de investigação específicas, e a química analítica registou o maior volume normalizado nos últimos anos. A tecnologia energética e a química ambiental e a química industrial e a engenharia química são também domínios em crescimento em termos de investigação relacionada com a inteligência artificial. A bioquímica é muito utilizada nas publicações de patentes relacionadas com a IA, provavelmente devido à sua utilização na investigação e desenvolvimento de medicamentos.

Este artigo examina o crescimento e a distribuição das publicações de química relacionadas com a IA utilizando a Coleção de Conteúdos do CAS ao longo das duas últimas décadas. O volume de publicações em revistas e patentes aumentou significativamente, sobretudo desde 2015, com a química analítica e a bioquímica a integrarem a IA em maior medida e com as taxas de crescimento mais elevadas. Foram identificadas tendências de investigação interdisciplinares, juntamente com associações emergentes de IA com tópicos específicos de investigação em química. Foram avaliadas publicações notáveis em várias disciplinas da química para destacar casos de utilização emergentes. A popularidade da adoção da IA nas ciências da vida e na química analítica foi quantificada através da análise da ocorrência de diferentes classes de substâncias e dos seus papéis na investigação química relacionada com a IA. A IA reduziu o esforço experimental e de conceção, permitindo a automatização laboratorial, a previsão de bioactividades de novos medicamentos, a otimização das condições de reação e a sugestão de rotas sintéticas para moléculas-alvo complexas. Esta revisão contextualiza o panorama atual da IA na química e fornece uma compreensão das suas direcções futuras. Os países/regiões e organizações de origem dos documentos de química relacionados com a IA foram depois extraídos para determinar a sua distribuição. A China e os Estados Unidos contribuíram com o maior número de publicações, tanto para artigos de revistas como para patentes. Os criadores de diagnósticos médicos e as empresas de tecnologia constituem uma grande parte dos titulares de patentes comerciais para a investigação química da IA. Foram também analisadas as tendências das publicações em áreas de investigação específicas, tendo a Química Analítica registado o maior volume normalizado nos últimos anos. A Tecnologia Energética e a Química Ambiental e a Química Industrial e a Engenharia Química são também domínios em crescimento em termos de investigação relacionada com a IA. A Bioquímica está altamente representada nas publicações de patentes relacionadas com a IA, possivelmente devido à sua utilização na investigação e desenvolvimento de medicamentos. As relações interdisciplinares aparecem de facto na investigação química relacionada com a IA, demonstrando como a IA pode ser aplicada em áreas de investigação em que as relações entre os dados disponíveis em domínios separados não são óbvias para os investigadores.

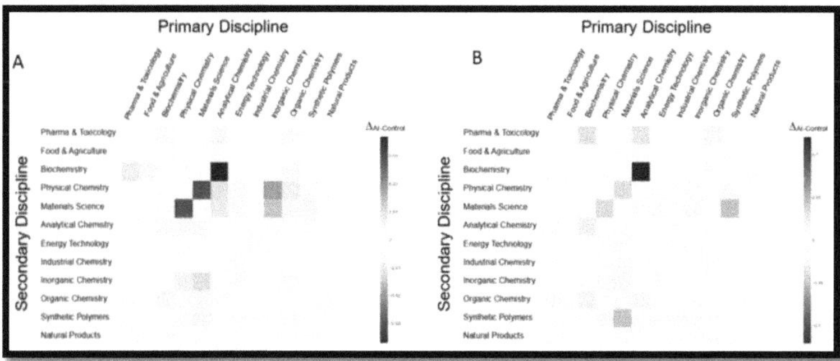

Diferença na proporção do total de publicações relacionadas com a IA e o grupo de controlo (não relacionadas com a IA) por par interdisciplinar: (A) publicações em revistas e (B) publicações de patentes.

A distribuição da investigação relacionada com a IA em química pode ser analisada através do exame do número de artigos relacionados com diferentes classes de materiais. A superação de desafios na representação de materiais e na disponibilidade de dados é fundamental para a implementação da inteligência artificial na química. Por conseguinte, a identificação dos tipos de materiais mais comuns estudados na literatura pode indicar as áreas em que os investigadores abordaram com êxito estes desafios. O CAS classifica os materiais em várias classes, e a figura abaixo mostra o número de publicações em revistas relacionadas com a IA para classes de materiais comuns, incluindo ligas, compostos coordenados, elementos, registos manuais, anéis parentais, pequenas moléculas, polímeros, sais e compostos inorgânicos. As publicações da Gives que contêm materiais de pequenas moléculas têm o maior número, seguidas das publicações que contêm materiais de elementos e de registo manual. Esta tendência deve-se provavelmente à relativa simplicidade e facilidade de modelação destes materiais em comparação com os compostos de coordenação e os polímeros. O elevado número de documentos que contêm material de registo manual corresponde ao elevado volume de publicações em bioquímica. A figura abaixo mostra também o número total de materiais em publicações de revistas relacionadas com IA para cada classe de material. O processo de contagem de substâncias é semelhante ao da contagem de documentos, embora distorcido pelo maior número de substâncias de pequenas moléculas em cada documento. A figura mostra a variação do número de publicações de revistas relacionadas com a inteligência artificial, por classe de material, de 2000 a 2020. O número de documentos para cada tipo de material aumentou durante este período, com os materiais de registo de pequenas moléculas, elementos e manuais a apresentarem o maior aumento. Estes resultados são coerentes com os apresentados na Fig.

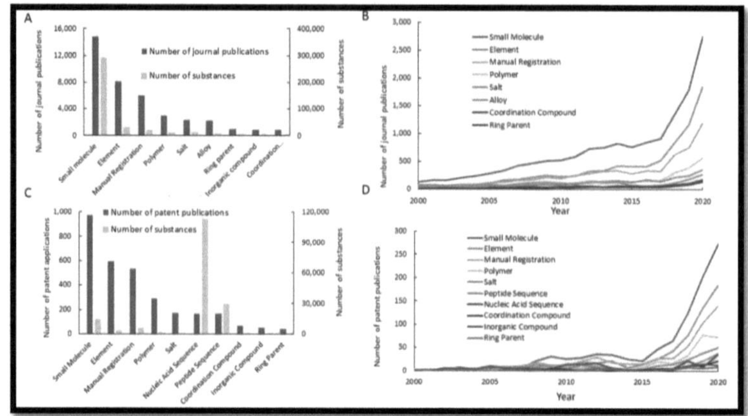

Publicações em química relacionada com a IA associadas à classe de substâncias de 2000 a 2020.
(A) Número de publicações em revistas relacionadas com a IA e número de substâncias associadas a cada classe.
(B) Tendências das publicações em jornais relacionadas com a IA associadas a cada classe de substância.
(C) Número de publicações de patentes relacionadas com a IA e número de substâncias associadas a cada classe.
(D) Tendências das publicações de patentes relacionadas com a IA associadas a cada classe de substância.

A popularidade das aplicações de IA na química tem crescido rapidamente nos últimos anos, com alguns domínios mais avançados na adoção do que outros. O sucesso da implementação da IA está relacionado com a disponibilidade e a qualidade dos dados, bem como com as oportunidades de obter informações e automatizar tarefas repetitivas. A química analítica e a bioquímica registaram uma implantação significativa da IA devido à disponibilidade de grandes conjuntos de formação e de dados sobre macromoléculas. A popularidade das aplicações de IA na descoberta de medicamentos reflecte-se no grande número de publicações que envolvem pequenas moléculas. A maior disponibilidade de ferramentas de software e hardware, de conjuntos de dados específicos da área de investigação e a experiência dos investigadores contribuíram para o crescimento da IA na química. Embora a IA tenha sido adaptada com sucesso a muitas áreas da investigação química, há ainda áreas em que o seu impacto ainda não se fez sentir. Com as melhorias contínuas na IA e na investigação interdisciplinar, estas áreas poderão ver uma maior adoção no futuro

Teoria da escolha de Glasser

A teoria da escolha postula que os comportamentos que escolhemos são fundamentais para a nossa existência. O nosso comportamento (escolhas) é motivado por cinco necessidades geneticamente determinadas, por ordem hierárquica: sobrevivência, amor, poder, liberdade e diversão. As necessidades humanas mais básicas são a sobrevivência (componente física) e o amor (componente mental). Sem necessidades físicas (nutrição) e emocionais (amor), uma criança não sobreviverá para alcançar o poder, a liberdade e a diversão.

"Por muito bem nutrida e intelectualmente estimulada que uma criança esteja, passar sem o contacto humano pode atrasar o seu crescimento mental, emocional e até físico".

A teoria da escolha sugere a existência de um "mundo de qualidade". A ideia de um "mundo de qualidade" na teoria da escolha tem sido comparada aos arquétipos junguianos, mas o reconhecimento de Glasser desta ligação não é claro. Alguns argumentam que o "mundo de qualidade" de Glasser e o que Jung chamaria de arquétipos saudáveis partilham semelhanças.

As nossas imagens de "mundo de qualidade" são os nossos modelos de um mundo "perfeito" de pais, relações, bens, crenças, etc. A forma como o "mundo de qualidade" de cada pessoa é algo invulgar, mesmo na mesma família de origem, é tida como um dado adquirido.

Desde o nascimento e ao longo de toda a vida, cada pessoa coloca modelos significativos, bens significativos e sistemas de crenças significativos (religião, valores culturais, ícones, etc.) numa estrutura maioritariamente inconsciente a que Glasser chamou o nosso "mundo de qualidade". A questão dos modelos e estereótipos negativos não é amplamente discutida na teoria da escolha. Glasser também postula um "lugar de comparação", onde comparamos e contrastamos as nossas percepções de pessoas, lugares e coisas imediatamente à nossa frente com as nossas imagens ideais (arquétipos) destes no nosso quadro do Mundo de Qualidade. O nosso subconsciente empurra-nos para calibrar - o melhor que podemos - a nossa experiência no mundo real com o nosso mundo de qualidade (arquétipos).

O comportamento ("comportamento total", nos termos de Glasser) é constituído por estas quatro componentes: ação, pensamento, sentimento e fisiologia. Glasser sugere que temos um controlo ou escolha considerável sobre os dois primeiros, mas pouca capacidade de escolher diretamente os dois últimos, uma vez que são mais profundamente subconscientes e inconscientes. Estes quatro componentes permanecem intimamente interligados e as escolhas que fazemos no nosso pensamento e ação afectarão grandemente os nossos sentimentos e fisiologia. Glasser sublinha frequentemente que as relações fracassadas ou tensas com pessoas importantes podem contribuir para a infelicidade pessoal. Cônjuges, pais, filhos, amigos e colegas.

Os sintomas de infelicidade são muito variáveis e são frequentemente considerados doenças mentais. Glasser considera que "prazer" e "felicidade" estão relacionados, mas estão longe de ser sinónimos. O sexo, por exemplo, é um "prazer", mas pode muito bem estar divorciado de uma "relação satisfatória", que é uma condição prévia para uma "felicidade" duradoura na vida. Daí o intenso enfoque na melhoria das relações no aconselhamento com a teoria da escolha - a "nova terapia da realidade". As pessoas que estão familiarizadas tanto com a terapia da realidade como com a teoria da escolha podem ter preferência por esta última, que é considerada uma abordagem mais moderna.

De acordo com a teoria da escolha, a doença mental pode estar ligada à infelicidade pessoal. Glasser defende a forma como somos capazes de aprender e escolher comportamentos alternativos que resultam numa maior satisfação pessoal. A terapia da realidade é um processo de aconselhamento baseado na teoria da escolha, centrado em ajudar os clientes a aprender a fazer essas escolhas auto-optimizadoras.

Os dez axiomas da escolha
- ❖ A única pessoa cujo comportamento podemos controlar somos nós próprios.
- ❖ Tudo o que podemos dar a outra pessoa é informação.
- ❖ Todos os problemas psicológicos de longa duração são problemas de relacionamento.
- ❖ A relação problemática faz sempre parte da nossa vida atual.
- ❖ O que aconteceu no passado tem tudo a ver com o que somos hoje, mas só podemos satisfazer as nossas necessidades básicas neste momento e planear continuar a satisfazê-las no futuro.
- ❖ Só podemos satisfazer as nossas necessidades satisfazendo as imagens do nosso mundo de qualidade.
- ❖ Tudo o que fazemos é comportarmo-nos.
- ❖ Todo o comportamento é um comportamento total e é constituído por quatro componentes: agir, pensar, sentir e fisiologia.
- ❖ Todo o nosso comportamento total é escolhido, mas só temos controlo direto sobre as componentes de ação e pensamento. Só podemos controlar os nossos sentimentos e a nossa fisiologia indiretamente, através da forma como escolhemos agir e pensar.
- ❖ Todo o comportamento total é designado por verbos e nomeado pela parte que é mais reconhecível.

Em Gestão da sala de aula
Começa a teoria da escolha de William Glasser: O comportamento não está separado da escolha; todos nós escolhemos como nos comportar em qualquer altura. Em segundo lugar, não podemos controlar o comportamento de ninguém, exceto o nosso próprio. Glasser enfatizou a

importância das reuniões na sala de aula como forma de melhorar a comunicação e resolver os problemas da sala de aula. Glasser sugeriu que os professores deveriam ajudar os alunos a imaginar uma experiência escolar gratificante e a planear as escolhas que lhes permitiriam alcançá-la.

Por exemplo, Johnny Waits tem 18 anos e está no último ano do liceu e planeia ir para a universidade para se tornar programador informático. Glasser sugere que Johnny poderia estar a aprender o máximo possível sobre computadores em vez de ler Platão. Glasser propôs uma abordagem curricular que dá ênfase a tópicos práticos e do mundo real, escolhidos pelos alunos com base nos seus interesses e inclinações. Esta abordagem é designada por currículo de qualidade. O currículo de qualidade dá especial ênfase a tópicos que têm aplicações práticas na carreira. De acordo com a abordagem de Glasser, os professores facilitam os debates com os alunos para identificar os tópicos que estes estão interessados em explorar mais, aquando da introdução de novas matérias. De acordo com a abordagem de Glasser, espera-se que os alunos articulem o valor prático do material que escolheram explorar[2].

Educação
Glasser não apoiou Summerhill e as escolas de qualidade que supervisionou tinham normalmente temas curriculares convencionais. A principal inovação destas escolas foi uma abordagem mais profunda e humanista do processo de grupo entre professores, alunos e aprendizagem.

Críticas
Numa recensão do livro,[3] Christopher White escreve que Glasser acredita que tudo o que consta no DSM-IV-TR é o resultado de o cérebro de um indivíduo expressar criativamente a sua infelicidade. White também refere que Glasser critica a profissão de psiquiatra e questiona a eficácia dos medicamentos no tratamento das doenças mentais. White salienta que o livro não apresenta um conjunto de ensaios clínicos aleatórios que demonstrem o sucesso dos ensinamentos de Glasser.

Qualidade do mundo
O Domínio da Qualidade é fundamental para os pontos de vista de William Glasser. Os valores e prioridades de uma pessoa são representados no cérebro como imagens mentais num espaço chamado Reino Superior. Fotografias de pessoas, locais, ideias e convicções importantes podem ser arquivadas nas suas mentes. De acordo com Glasser, as imagens no Supremo de um ser humano trazem-lhe alegria e satisfazem algumas necessidades fundamentais. Essas imagens são pessoais e não estão sujeitas a qualquer controlo social. O Planeta Qualidade é a nossa utopia ideal.

Funcionamento da teoria da escolha de Glasser
As emoções e as reacções fisiológicas dos clientes ao stress podem ser melhoradas através de instruções de modificação habitual e cognitiva. O domínio da educação é uma ilustração perfeita deste facto. Os alunos desiludidos que não conseguem dominar determinadas ideias nem adquirir determinados talentos podem ser instruídos a repensar o que consideram ser um universo de alta qualidade. Algumas mudanças podem ser implementadas para enfatizar o historial de hábitos problemáticos da empresa e encorajá-los a identificar e abordar as causas subjacentes a esse hábito para evitar a sua recorrência. Um ensaio sobre a Terapia do Esquema afirma que tanto a Teoria como o seu subconjunto, a Psicoterapia da Realidade, não se centram no passado. Os clientes são instados a viver no agora. Incentivam as pessoas a considerar alterações na sua rotina que possam trazer resultados mais satisfatórios.

Conclusão da sessão Teoria da escolha de Glasser
A versão original da Teoria da Escolha de Glasser postula que, ao nosso nível mais fundamental, as escolhas são feitas para satisfazer um conjunto de requisitos. A hipótese é que as pessoas querem escolher a opção que acreditam ser a melhor para elas, o que não implica que os maus julgamentos não tenham resultados negativos. Foi demonstrado, entretanto, que a Abordagem Psicodinâmica pode ajudar os indivíduos a desenvolver abordagens mais eficazes para gerir problemas. A Teoria da Escolha tem origem nos hábitos tradicionais e tem dado um grande contributo a muitas disciplinas académicas.

Teoria dos jogos
A teoria dos jogos é o estudo de modelos matemáticos de interacções estratégicas entre agentes racionais[1]. [Tem aplicações em todos os domínios das ciências sociais, bem como na lógica, na ciência dos sistemas e na informática. Os conceitos da teoria dos jogos são também amplamente utilizados na economia [2]. [2] Os métodos tradicionais da teoria dos jogos abordavam jogos de soma zero para duas pessoas, em que os ganhos ou perdas de cada participante são exatamente equilibrados pelas perdas e ganhos dos outros participantes. No século XXI, as teorias avançadas dos jogos aplicam-se a um leque mais vasto de relações comportamentais; é agora um termo abrangente para a ciência da tomada de decisões lógicas em seres humanos, animais e computadores.
A teoria moderna dos jogos começou com a ideia de equilíbrios de estratégia mista num jogo de soma zero para duas pessoas e a sua prova por John von Neumann. A prova original de Von Neumann utilizou o teorema do ponto fixo de Brouwer sobre as transformações contínuas em conjuntos convexos compactos, que se tornou um método padrão na teoria

dos jogos e na economia matemática. O seu artigo foi seguido pelo livro de 1944 "Theory of Games and Economic Behavior", escrito em conjunto com Oskar Morgenstern, que abordava jogos cooperativos com vários jogadores[3]. [3] A segunda edição deste livro forneceu uma teoria axiomática da utilidade esperada, que permitiu aos estatísticos matemáticos e aos economistas tratar a tomada de decisões em condições de incerteza. Por conseguinte, é evidente que a teoria dos jogos tem evoluído ao longo do tempo com os esforços consistentes de matemáticos, economistas e outros académicos. A teoria dos jogos foi amplamente desenvolvida na década de 1950 por muitos académicos. Foi explicitamente aplicada à evolução na década de 1970, embora desenvolvimentos semelhantes remontem, pelo menos, à década de 1930. A teoria dos jogos tem sido amplamente reconhecida como uma ferramenta importante em muitos domínios. Em 2020, com o Prémio Nobel das Ciências Económicas atribuído aos teóricos dos jogos Paul Milgrom e Robert B. Wilson, quinze teóricos dos jogos ganharam o Prémio Nobel da Economia. John Maynard Smith foi galardoado com o Prémio Crafoord pela sua aplicação da teoria evolutiva dos jogos.

Diferentes tipos de jogos
Cooperativa / não cooperativa
Um jogo é cooperativo se os jogadores forem capazes de estabelecer compromissos vinculativos que sejam aplicados externamente (por exemplo, através do direito contratual). Um jogo é não-cooperativo se os jogadores não puderem formar alianças ou se todos os acordos tiverem de ser auto-executados (por exemplo, através de ameaças credíveis)[13]. Os jogos cooperativos são frequentemente analisados no âmbito da teoria dos jogos cooperativos, que se centra na previsão das coligações que se formarão, nas acções conjuntas que os grupos realizam e nas compensações colectivas resultantes. Esta teoria opõe-se à teoria tradicional dos jogos não cooperativos, que se concentra na previsão das acções e dos ganhos individuais dos jogadores e na análise dos equilíbrios de Nash[14][15]. A concentração nos ganhos individuais pode resultar num fenómeno conhecido como Tragédia dos Comuns, em que os recursos são utilizados a um nível coletivamente ineficiente. A ausência de uma negociação formal conduz à deterioração dos bens públicos devido a uma utilização excessiva e a uma subutilização que resulta de incentivos privados[16]. [16]

A teoria dos jogos cooperativos proporciona uma abordagem de alto nível, uma vez que descreve apenas a estrutura, as estratégias e os resultados das coligações, enquanto a teoria dos jogos não cooperativos também analisa a forma como os procedimentos de negociação afectam a distribuição dos resultados dentro de cada coligação. Uma vez que a teoria dos jogos não cooperativos é mais geral, os jogos cooperativos podem ser analisados através da abordagem da teoria dos jogos não cooperativos (o inverso não se aplica), desde que sejam adoptadas hipóteses suficientes para abranger todas as estratégias possíveis disponíveis para os jogadores devido à possibilidade de aplicação externa da cooperação. Embora a utilização de uma única teoria possa ser desejável, em muitos casos a informação disponível é insuficiente para modelar com exatidão os procedimentos formais disponíveis durante o processo de negociação estratégica, ou o modelo resultante seria demasiado complexo para oferecer uma ferramenta prática no mundo real. Nesses casos, a teoria dos jogos cooperativos fornece uma abordagem simplificada que permite a análise do jogo em geral sem ter de fazer qualquer suposição sobre os poderes de negociação.

Simétrico / assimétrico

Um jogo simétrico é um jogo em que os resultados de uma determinada estratégia dependem apenas das outras estratégias utilizadas e não de quem as está a utilizar. Ou seja, se as identidades dos jogadores puderem ser alteradas sem alterar o prémio das estratégias, então o jogo é simétrico. Muitos dos jogos 2×2 habitualmente

	E	F
E	1, 2	0, 0
F	0, 0	1, 2

Um jogo assimétrico

estudados são simétricos. As representações padrão da galinha, o dilema do prisioneiro e a caça ao veado são todos jogos simétricos. Alguns académicos de também consideram certos jogos assimétricos como exemplos destes jogos. No entanto, os payoffs mais comuns para cada um destes jogos são simétricos.

Os jogos assimétricos mais frequentemente estudados são jogos em que não existem conjuntos de estratégias idênticas para ambos os jogadores. Por exemplo, o jogo do ultimato e, de forma semelhante, o jogo do ditador têm estratégias diferentes para cada jogador. É possível, no entanto, que um jogo tenha estratégias idênticas para ambos os jogadores, mas seja assimétrico. Por exemplo, o jogo apresentado no gráfico desta secção é assimétrico apesar de ter conjuntos de estratégias idênticas para ambos os jogadores.

Soma zero / soma diferente de zero

Os jogos de soma zero (mais geralmente, jogos de soma constante) são jogos em que as escolhas dos jogadores não podem aumentar nem diminuir os recursos disponíveis. Nos jogos de soma zero, o benefício total de todos os jogadores num jogo, para cada combinação de estratégias, é sempre igual a zero (mais informalmente, um jogador beneficia apenas à custa dos outros).[17] O póquer é um exemplo de um jogo de soma zero (ignorando a possibilidade de a casa fazer um corte), porque se ganha exatamente o montante que os adversários perdem. Outros jogos de soma zero incluem o jogo das moedas e a maioria dos jogos de tabuleiro clássicos, incluindo o Go e o xadrez.

	A	B
A	-1, 1	3, -3
B	0, 0	-2, 2

Um jogo de soma zero

Muitos jogos estudados pelos teóricos dos jogos (incluindo o famoso dilema do prisioneiro) são jogos de soma diferente de zero, porque o resultado tem um resultado líquido superior ou inferior a zero. Informalmente, nos jogos de soma diferente de zero, um ganho de um jogador não corresponde necessariamente a uma perda de outro. Os jogos de soma constante correspondem a actividades como o roubo e o jogo, mas não à situação económica fundamental em que existem ganhos potenciais nas trocas comerciais. É possível transformar qualquer jogo de soma constante num jogo de soma zero (possivelmente assimétrico), acrescentando um jogador fictício (frequentemente designado por "o tabuleiro") cujas perdas compensam os ganhos líquidos dos jogadores.

Simultâneo / sequencial

Os jogos simultâneos são jogos em que ambos os jogadores se movem simultaneamente ou em que os últimos jogadores não têm conhecimento das acções dos primeiros (o que os torna efetivamente simultâneos). Os jogos sequenciais (ou jogos dinâmicos) são jogos em que os jogadores não tomam decisões simultaneamente e em que as acções anteriores de um jogador afectam o resultado e as decisões dos outros jogadores. [18] Não é necessário que haja informação perfeita sobre todas as acções dos jogadores anteriores; pode ser muito pouco conhecimento. Por exemplo, um jogador pode saber que um jogador anterior não realizou uma determinada ação, mas não sabe qual das outras acções disponíveis foi efetivamente realizada pelo primeiro jogador.

A diferença entre jogos simultâneos e sequenciais é capturada nas diferentes representações discutidas acima. Muitas vezes, a forma normal é utilizada para representar jogos simultâneos, enquanto a forma extensiva é utilizada para representar jogos sequenciais. A transformação da forma extensiva para a forma normal é unívoca, o que significa que vários jogos na forma extensiva correspondem à mesma forma normal. Consequentemente, as noções de equilíbrio para jogos simultâneos são insuficientes para raciocinar sobre jogos sequenciais.

Informação perfeita e informação imperfeita
Um jogo de informação imperfeita. A linha a tracejado representa a ignorância do jogador 2, formalmente designada por conjunto de informação. Um subconjunto importante dos jogos sequenciais é constituído por jogos de informação perfeita. Um jogo com informação perfeita significa que todos os jogadores, em cada jogada do jogo, conhecem a história anterior do jogo e as jogadas efectuadas anteriormente por todos os outros jogadores. Na realidade, isto pode ser aplicado a empresas e consumidores que têm informação sobre o preço e a qualidade de todos os bens disponíveis num mercado. [19] Um jogo de informação imperfeita é jogado quando os jogadores não conhecem todas as jogadas já efectuadas pelo adversário, como é o caso de um jogo de jogadas simultâneas. 20] A maioria dos jogos estudados na teoria dos jogos são jogos de informação imperfeita. 20] Exemplos de jogos de informação perfeita incluem o jogo do galo, damas, xadrez e Go. 21] 22] 23]
Muitos jogos de cartas são jogos de informação imperfeita, como o póquer e o bridge[24]. A informação perfeita é frequentemente confundida com informação completa, que é um conceito semelhante relativo ao conhecimento comum da sequência, estratégias e resultados de cada jogador durante o jogo[25].[A informação completa requer que cada jogador conheça as estratégias e os resultados disponíveis para os outros jogadores, mas não necessariamente as acções tomadas, enquanto a informação perfeita é o conhecimento de todos os aspectos do jogo e dos jogadores[26]. Os jogos de informação incompleta podem ser reduzidos, no entanto, a jogos de informação imperfeita através da introdução de "jogadas por natureza"[27].

Jogo Bayesiano
Um dos pressupostos do equilíbrio de Nash é que cada jogador tem crenças correctas sobre as acções dos outros jogadores. No entanto, existem muitas situações na teoria dos jogos em que os participantes não compreendem totalmente as características dos seus adversários. Os negociadores podem não ter conhecimento da avaliação que o seu adversário faz do objeto de negociação, as empresas podem não ter conhecimento das funções de custo do seu adversário, os combatentes podem não ter conhecimento dos pontos fortes do seu adversário e os jurados podem não ter conhecimento da interpretação que o seu colega faz das provas em julgamento. Em alguns casos, os participantes podem

conhecer bem o carácter do seu oponente, mas podem não saber até que ponto o seu oponente conhece o seu próprio carácter.

Um jogo bayesiano é um jogo estratégico com informação incompleta. Num jogo estratégico, os decisores são jogadores e cada jogador tem um grupo de acções. Uma parte essencial da especificação da informação imperfeita é o conjunto de estados. Cada estado descreve completamente um conjunto de características relevantes para o jogador, tais como as suas preferências e pormenores sobre as mesmas. Deve haver um estado para cada conjunto de características que um jogador acredita que possa existir.

Exemplo de um jogo Bayesiano

Por exemplo, quando o Jogador 1 não tem a certeza se o Jogador 2 prefere sair com ela ou afastar-se dela, enquanto o Jogador 2 compreende as preferências do Jogador 1 como antes. Mais concretamente, suponhamos que o Jogador 1 acredita que o Jogador 2 quer sair com ela com uma probabilidade de 1/2 e afastar-se dela com uma probabilidade de 1/2 (esta avaliação resulta provavelmente da experiência do Jogador 1: neste caso, enfrenta jogadores que querem sair com ela metade das vezes e jogadores que querem evitá-la metade das vezes). Devido à probabilidade envolvida, a análise desta situação exige que se compreenda a preferência do jogador pelo empate, apesar de as pessoas estarem apenas interessadas no equilíbrio estratégico puro.

Jogos combinatórios

Os jogos em que a dificuldade de encontrar uma estratégia óptima resulta da multiplicidade de jogadas possíveis são designados por jogos combinatórios. Os exemplos incluem o xadrez e o Go. Os jogos que envolvem informações imperfeitas também podem ter um forte carácter combinatório, por exemplo o gamão. Não existe uma teoria unificada que aborde os elementos combinatórios dos jogos. Existem, no entanto, ferramentas matemáticas que podem resolver alguns problemas específicos e responder a algumas questões gerais.

Os jogos de informação perfeita têm sido estudados na teoria combinatória dos jogos, que desenvolveu novas representações, por exemplo, números surreais, bem como métodos de prova combinatórios e algébricos (e por vezes não construtivos) para resolver jogos de certos tipos, incluindo jogos "em loop" que podem resultar em sequências de jogadas infinitamente longas. Estes métodos abordam jogos com maior complexidade combinatória do que os normalmente considerados na teoria dos jogos tradicional (ou "económica")[31][32]. Um campo de estudo relacionado, que se baseia na teoria da complexidade computacional, é a complexidade dos jogos, que se preocupa em estimar a dificuldade computacional de encontrar estratégias óptimas. A investigação em inteligência artificial abordou jogos de informação perfeita e imperfeita com estruturas combinatórias muito complexas (como o xadrez, o go ou o gamão) para os quais não foram encontradas estratégias óptimas comprováveis. As soluções práticas envolvem heurísticas computacionais, como a poda alfa-beta ou a utilização de redes neuronais artificiais treinadas por aprendizagem por reforço, que tornam os jogos mais fáceis na prática computacional.

Jogos infinitamente longos

Os jogos, tal como estudados pelos economistas e pelos jogadores do mundo real, são geralmente terminados num número finito de jogadas. Os matemáticos puros não estão tão limitados e os teóricos dos conjuntos, em particular, estudam jogos que duram infinitas jogadas, com o vencedor (ou outro prémio) só conhecido depois de todas essas jogadas estarem concluídas.

Normalmente, o foco de atenção não é tanto a melhor forma de jogar esse jogo, mas se um jogador tem uma estratégia vencedora. (Pode provar-se, usando o axioma da escolha, que há jogos - mesmo com informação perfeita e em que os únicos resultados são "ganhar" ou "perder" - para os quais nenhum dos jogadores tem uma estratégia vencedora). A existência de tais estratégias, para jogos bem concebidos, tem consequências importantes na teoria descritiva dos conjuntos.

Jogos discretos e contínuos

Grande parte da teoria dos jogos diz respeito a jogos finitos e discretos que têm um número finito de jogadores, jogadas, eventos, resultados, etc. No entanto, muitos conceitos podem ser alargados. Os jogos contínuos permitem aos jogadores escolher uma estratégia a partir de um conjunto contínuo de estratégias. Por exemplo, a competição de Cournot é tipicamente modelada com as estratégias dos jogadores sendo quaisquer quantidades não negativas, incluindo quantidades fraccionárias.

Os jogos contínuos permitem a possibilidade de os jogadores comunicarem entre si de acordo com determinadas regras, principalmente a aplicação de um protocolo de comunicação entre os jogadores. Ao comunicarem, os jogadores estão dispostos a fornecer uma maior quantidade de bens num jogo de bem público do que normalmente fariam num jogo discreto e, como resultado, os jogadores são capazes de gerir os recursos de forma mais eficiente do que fariam em jogos discretos, uma vez que partilham recursos, ideias e estratégias uns com os outros. Este facto incentiva e faz com que os jogos contínuos tenham uma taxa média de cooperação mais elevada. [35]

Jogos diferenciais

Os jogos diferenciais, como o jogo de perseguição e evasão contínua, são jogos contínuos em que a evolução das variáveis de estado dos jogadores é regida por equações diferenciais. O problema de encontrar uma estratégia óptima num jogo diferencial está intimamente relacionado com a teoria do controlo ótimo. Em particular, existem dois tipos de estratégias: as estratégias em circuito aberto são encontradas utilizando o princípio do máximo de Pontryagin, enquanto as estratégias em circuito fechado são encontradas utilizando o método de programação dinâmica de Bellman. Um caso particular de jogos diferenciais são os jogos com um horizonte temporal aleatório [36]. [36] Nestes jogos, o tempo terminal é uma variável aleatória com uma dada função de distribuição de probabilidade. Por conseguinte, os jogadores maximizam a expetativa matemática da função de custo. Foi demonstrado que o problema de otimização modificado pode ser reformulado como um jogo diferencial descontado num intervalo de tempo infinito.

Teoria evolutiva dos jogos
A teoria evolutiva dos jogos estuda os jogadores que ajustam as suas estratégias ao longo do tempo de acordo com regras que não são necessariamente racionais ou previdentes[37]. [Em geral, a evolução das estratégias ao longo do tempo de acordo com essas regras é modelada como uma cadeia de Markov com uma variável de estado, como o perfil da estratégia atual ou a forma como o jogo foi jogado no passado recente. Essas regras podem incluir a imitação, a otimização ou a sobrevivência do mais apto.
Em biologia, estes modelos podem representar a evolução, em que os descendentes adoptam as estratégias dos pais e os pais que adoptam estratégias mais bem sucedidas (ou seja, que correspondem a maiores compensações) têm um maior número de descendentes. Nas ciências sociais, estes modelos representam normalmente o ajustamento estratégico dos jogadores que jogam um jogo muitas vezes ao longo da sua vida e que, consciente ou inconscientemente, ajustam ocasionalmente as suas estratégias. [38]

Resultados estocásticos (e relação com outros domínios)
Os problemas de decisão individual com resultados estocásticos são por vezes considerados "jogos de um jogador". Podem ser modelados utilizando ferramentas semelhantes nas disciplinas relacionadas com a teoria da decisão, a investigação operacional e as áreas da inteligência artificial, nomeadamente o planeamento da IA (com incerteza) e o sistema multiagente. Embora estes domínios possam ter motivações diferentes, a matemática envolvida é substancialmente a mesma, por exemplo, utilizando processos de decisão de Markov (MDP)[39].
Os resultados estocásticos também podem ser modelados em termos de teoria dos jogos, acrescentando um jogador que actua aleatoriamente e que faz "jogadas ao acaso" ("jogadas por natureza")[40]. Este jogador não é

normalmente considerado um terceiro jogador no que é, de resto, um jogo para dois jogadores, servindo apenas para lançar os dados quando exigido pelo jogo.

Nalguns problemas, diferentes abordagens à modelação de resultados estocásticos podem conduzir a soluções diferentes. Por exemplo, a diferença na abordagem entre os MDP e a solução minimax é que esta última considera o pior caso num conjunto de jogadas adversárias, em vez de raciocinar em termos de expetativa sobre essas jogadas, dada uma distribuição de probabilidade fixa. A abordagem minimax pode ser vantajosa quando não estão disponíveis modelos estocásticos de incerteza, mas também pode sobrestimar acontecimentos extremamente improváveis (mas dispendiosos), influenciando dramaticamente a estratégia em tais cenários se se assumir que um adversário pode forçar a ocorrência de tal acontecimento. Foram também estudados modelos gerais que incluem todos os elementos de resultados estocásticos, adversários e observabilidade parcial ou ruidosa (de movimentos de outros jogadores). O "padrão de ouro" é considerado o jogo estocástico parcialmente observável (POSG), mas poucos problemas realistas são computacionalmente viáveis na representação POSG.

Metagames

Trata-se de jogos cujo objetivo é o desenvolvimento das regras de um outro jogo, o jogo-alvo ou objeto de estudo. Os meta-jogos procuram maximizar o valor de utilidade do conjunto de regras desenvolvido. A teoria dos meta-jogos está relacionada com a teoria da conceção de mecanismos.

O termo análise de meta-jogo é também utilizado para referir uma abordagem prática desenvolvida por Nigel Howard, segundo a qual uma situação é enquadrada como um jogo estratégico em que as partes interessadas tentam realizar os seus objectivos através das opções disponíveis. Os desenvolvimentos subsequentes conduziram à formulação da análise de confronto.

Jogos de pooling

Trata-se de jogos que prevalecem em todas as formas de sociedade. Os jogos de pooling são jogadas repetidas com uma tabela de resultados variável, em geral ao longo de um percurso experimentado, e as suas estratégias de equilíbrio assumem geralmente uma forma de convenção social evolutiva e de convenção económica. A teoria dos jogos de pooling surge para reconhecer formalmente a interação entre a escolha óptima numa jogada e o aparecimento de um caminho de atualização da tabela de recompensas, identificar a existência e a robustez da invariância e prever a variação ao longo do tempo. A teoria baseia-se na classificação da transformação topológica da atualização da tabela de payoffs ao longo do tempo para prever a variância e a invariância, e está também dentro da jurisdição da lei computacional da optimalidade alcançável para o sistema ordenado.

Teoria dos jogos de campo médio
A teoria dos jogos de campo médio é o estudo da tomada de decisões estratégicas em populações muito grandes de pequenos agentes em interação. Esta classe de problemas foi considerada na literatura económica por Boyan Jovanovic e Robert W. Rosenthal, na literatura de engenharia por Peter E. Caines e pelos matemáticos Pierre-Louis Lions e Jean-Michel Lasry.

Representação de jogos
Os jogos estudados na teoria dos jogos são objectos matemáticos bem definidos. Para ser completamente definido, um jogo deve especificar os seguintes elementos: os jogadores do jogo, a informação e as acções disponíveis para cada jogador em cada ponto de decisão e as recompensas para cada resultado. (Eric Rasmusen refere-se a estes quatro "elementos essenciais" pelo acrónimo "PAPI"). Um teórico dos jogos utiliza normalmente estes elementos, juntamente com um conceito de solução à sua escolha, para deduzir um conjunto de estratégias de equilíbrio para cada jogador, de modo a que, quando estas estratégias são utilizadas, nenhum jogador possa lucrar se se desviar unilateralmente da sua estratégia. Estas estratégias de equilíbrio determinam um equilíbrio para o jogo - um estado estável em que ocorre um resultado ou um conjunto de resultados com uma probabilidade conhecida.

Nos jogos, os jogadores têm normalmente uma "estratégia dominante", em que são incentivados a escolher a melhor estratégia possível que lhes dá o máximo de retorno e a mantê-la mesmo quando o(s) outro(s) jogador(es) muda(m) as suas estratégias ou escolhe(m) uma opção diferente. No entanto, dependendo dos possíveis payoffs, um dos jogadores pode não possuir uma 'Estratégia Dominante', enquanto o outro jogador pode. O facto de um jogador não ter uma estratégia dominante não é uma confirmação de que outro jogador não terá uma estratégia dominante própria, o que coloca o primeiro jogador em desvantagem imediata.

No entanto, existe a possibilidade de ambos os jogadores possuírem Estratégias Dominantes, quando as suas estratégias escolhidas e os seus payoffs são dominantes e os payoffs combinados formam um equilíbrio. Quando isto ocorre, cria-se um Equilíbrio de Estratégia Dominante. Isto pode ser devido a um Dilema Social, em que um jogo possui um equilíbrio criado por dois ou vários jogadores que possuem estratégias dominantes, e a solução do jogo é diferente da solução cooperativa para o jogo.

Existe também a possibilidade de um jogador ter mais do que uma estratégia dominante. Isto ocorre quando se reage a múltiplas estratégias de um segundo jogador e as respostas separadas do primeiro jogador têm estratégias diferentes umas das outras. Isto significa que não existe a possibilidade de ocorrer um equilíbrio de Nash no jogo. A maioria dos jogos cooperativos é apresentada na forma de função caraterística, enquanto as formas extensiva e normal são utilizadas para definir jogos não cooperativos.

Forma extensa

A forma extensiva pode ser utilizada para formalizar jogos com uma sequência temporal de movimentos. Os jogos de forma extensiva podem ser visualizados através de árvores de jogo (como na imagem). Aqui cada vértice (ou nó) representa um ponto de escolha para um jogador. O jogador é especificado por um número listado pelo vértice. As linhas que saem do vértice representam uma ação possível para esse jogador. Os payoffs são especificados na parte inferior da árvore. A forma extensiva pode ser vista como uma generalização multi-jogador de uma árvore de decisão.[50] Para resolver qualquer jogo de forma extensiva, deve ser usada a indução para trás. Envolve trabalhar para trás na árvore do jogo para determinar o que um jogador racional faria no último vértice da árvore, o que o jogador com a jogada anterior faria dado que o jogador com a última jogada é racional, e assim por diante até chegar ao primeiro vértice da árvore. O jogo ilustrado é composto por dois jogadores. Da forma como este jogo em particular está estruturado (ou seja, com tomada de decisão sequencial e informação perfeita), o Jogador 1 "move-se" primeiro escolhendo F ou U (justo ou injusto). A seguir na sequência, o Jogador 2, que já observou a jogada do Jogador 1, pode escolher jogar A ou R. Assim que o Jogador 2 tiver feito a sua escolha, o jogo é considerado terminado e cada jogador recebe o seu respetivo prémio, representado na imagem como dois números, em que o primeiro número representa o prémio do Jogador 1 e o segundo número representa o prémio do Jogador 2. Suponhamos que o Jogador 1 escolhe U e o Jogador 2 escolhe A: o Jogador 1 recebe então um prémio de "oito" (que, em termos reais, pode ser interpretado de muitas formas, a mais simples das quais é em termos de dinheiro, mas que pode significar coisas como oito dias de férias ou oito países conquistados ou até mais oito oportunidades de jogar o mesmo jogo contra outros jogadores) e o Jogador 2 recebe um prémio de "dois".

A forma extensiva pode também representar jogos de movimentos simultâneos e jogos com informação imperfeita. Para a representar, ou uma linha pontilhada liga diferentes vértices para os representar como fazendo parte do mesmo conjunto de informações (ou seja, os jogadores não sabem em que ponto se encontram), ou uma linha fechada é desenhada à sua volta.

Forma normal

O jogo normal (ou forma estratégica) é normalmente representado por uma matriz que mostra os jogadores, as estratégias e os resultados (ver o exemplo à direita). De uma forma mais geral, pode ser representado por qualquer função que associe um payoff para cada jogador a cada combinação possível de acções. No exemplo em anexo, há dois jogadores; um escolhe a linha e o outro escolhe a coluna.

	O jogador 2 escolhe Esquerda	O jogador 2 escolhe a Direita
O jogador 1 escolhe Cima	**4, 3**	**-1, -1**
O jogador 1 escolhe Baixo	**0, 0**	**3, 4**

Forma normal ou matriz de payoff de um Jogo de 2 jogadores e 2 estratégias

Cada jogador tem duas estratégias, que são especificadas pelo número de linhas e pelo número de colunas. Os payoffs são fornecidos no interior. O primeiro número é o prémio recebido pelo jogador da linha (Jogador 1 no nosso exemplo); o segundo é o prémio do jogador da coluna (Jogador 2 no nosso exemplo). Suponha que o Jogador 1 joga para cima e que o Jogador 2 joga para a esquerda. Então o Jogador 1 recebe um prémio de 4, e o Jogador 2 recebe 3.

Quando um jogo é apresentado na forma normal, presume-se que cada jogador actua simultaneamente ou, pelo menos, sem conhecer as acções do outro. Se os jogadores tiverem alguma informação sobre as escolhas dos outros jogadores, o jogo é normalmente apresentado na forma extensiva. Cada jogo na forma extensiva tem um jogo na forma normal equivalente, mas a transformação para a forma normal pode resultar num aumento exponencial do tamanho da representação, tornando-a computacionalmente impraticável.

A teoria química dos jogos é um modelo alternativo da teoria dos jogos que representa e resolve problemas de interacções estratégicas ou de tomada de decisões humanas contestadas. As diferenças em relação aos conceitos tradicionais da teoria dos jogos incluem a utilização de moléculas metafóricas chamadas "moléculas de conhecimento", que representam escolhas e decisões entre os jogadores no jogo. Utilizando as moléculas de conhecimento, as escolhas entrópicas e os efeitos de preconceitos pré-existentes são tidos em consideração. Um jogo na teoria dos jogos químicos é então representado sob a forma de um diagrama de fluxo de processo que consiste em operações unitárias. As operações unitárias representam os processos de tomada de decisão dos jogadores e têm semelhanças com o modelo do caixote do lixo da ciência política.

Um jogo de N jogadores, sendo N um número inteiro superior a 1, é representado por N reactores em paralelo. As concentrações que entram num reator correspondem à tendência com que um jogador entra no jogo. As reacções que ocorrem nos reactores são comparáveis ao processo de tomada de decisão de cada jogador. As concentrações dos produtos finais representam a probabilidade de cada resultado, tendo em conta os preconceitos e as dores pré-existentes para a situação.

Agora que finalmente já foi explicado o suficiente sobre a teoria dos jogos, quero afirmar em palavras simples que é realmente possível produzir compostos químicos utilizando inteligência artificial e boas estratégias como a teoria dos jogos e a teoria da seleção. Mais fácil e mais rápido.

A principal coisa que deve ser notada é que, com este método, chegar à resposta final, especialmente na produção de produtos farmacêuticos, é muito mais simples, mais preciso e mais rápido.

Referências

1.   T e Renner, R, Prefácio à edição especial sobre criptografia quântica, Natural Computing 13(4):447-452, DOI: 10.1007/s11047-014-9464-3

2.   Park, James (1970). "O conceito de transição na mecânica quântica". Fundamentos da Física. 1 (1): 23-33. Bibcode:1970FoPh....1...23P. CiteSeerX 10.1.1.623.5267. doi:10.1007/BF00708652. S2CID 55890485.

3.   Bennett, C. (novembro de 1973). "Reversibilidade lógica da computação" (PDF). IBM Journal of Research and Development. 17 (6): 525–532. doi:10.1147/rd.176.0525.

4.   Poplavskii, R.P (1975). "Modelos termodinâmicos de processamento de informação". Uspekhi Fizicheskikh Nauk (em russo). 115 (3): 465–501. doi:10.3367/UFNr.0115.197503d.0465.

5.   Benioff, Paul (1980). "O computador como um sistema físico: Um modelo hamiltoniano mecânico quântico microscópico de computadores representado por máquinas de Turing". Journal of Statistical Physics. 22 (5): 563-591. Bibcode:1980JSP....22..563B. doi:10.1007/bf01011339. S2CID 122949592.

6.   Manin, Yu I (1980). Vychislimoe i nevychislimoe (Computable and Noncomputable) (em russo). Sov. Radio. pp. 13-15. Arquivado do original em 10 de maio de 2013. Recuperado em 4 de março de 2013.

7.   Relatório técnico MIT/LCS/TM-151 (1980) e uma versão adaptada e condensada: Toffoli, Tommaso (1980). "Computação reversível" (PDF). Em J. W. de Bakker e J. van Leeuwen (ed.). Automata, Languages and Programming. Automata, Languages and Programming, Seventh Colloquium. Notas de aula em Ciência da Computação. Vol. 85. Noordwijkerhout, Países Baixos: Springer Verlag. pp. 632-644. doi:10.1007/3-540-10003-2_104. ISBN 3-540-10003-2. Arquivado do original (PDF) em 15 de abril de 2010.

8.   Benioff, Paul A. (1 de abril de 1982). "Modelos Hamiltonianos de mecânica quântica de processos discretos que apagam as suas próprias histórias: Aplicação a máquinas de Turing". Revista Internacional de Física Teórica. 21 (3): 177-201. Bibcode:1982IJTP...21..177B. doi:10.1007/BF01857725. ISSN 1572-9575. S2CID 122151269.

9.   Simulação da física com computadores https://web.archive.org/web/20190830190404/https://people.eecs.berkeley.edu/~christos/classics/Feynman.pdf

10.   Benioff, P. (1982). "Modelos mecânicos quânticos hamiltonianos de máquinas de turing". Journal of Statistical Physics. 29 (3): 515-546. Bibcode:1982JSP....29..515B. doi:10.1007/BF01342185. S2CID 14956017.

11. Wootters, W. K.; Zurek, W. H. (1982). "Um único quantum não pode ser clonado". Nature. 299 (5886): 802-803. Bibcode:1982Natur.299..802W. doi:10.1038/299802a0. S2CID 4339227.

12. Dieks, D. (1982). "Comunicação por dispositivos EPR". Physics Letters A. 92 (6): 271-272. Bibcode:1982PhLA...92..271D. CiteSeerX 10.1.1.654.7183. doi:10.1016/0375-9601(82)90084-6.

13.   Bennett, Charles H.; Brassard, Gilles (1984). "Criptografia quântica: Distribuição de chaves públicas e lançamento de moeda ao ar". Ciência Teórica da Computação. Theoretical Aspects of Quantum Cryptography - celebrating 30 years of BB84. 560: 7-11. arXiv:2003.06557. doi:10.1016/j.tcs.2014.05.025. ISSN 0304-3975.

14.   Peres, Asher (1985). "Lógica reversível e compostos quânticos". Physical Review A. 32 (6): 3266-3276. Bibcode:1985PhRvA..32.3266P. doi:10.1103/PhysRevA.32.3266. PMID 9896493.

15.   K. Igeta e Y. Yamamoto. "Computadores mecânicos quânticos com átomo único e campos de fotões". Conferência Internacional de Eletrónica Quântica (1988) https://www.osapublishing.org/abstract.cfm?uri=IQEC-1988-TuI4

16.   G. J. Milburn. "Porta Fredkin ótica quântica". Physical Review Letters 62, 2124 (1989) https://doi.org/10.1103/PhysRevLett.62.2124

17.   Ray, P.; Chakrabarti, B. K.; Chakrabarti, A. (1989). "Modelo de Sherrington-Kirkpatrick num campo transversal: Ausência de quebra de simetria de réplica devido a flutuações quânticas". Physical Review B. 39 (16): 11828-11832. Bibcode:1989PhRvB..3911828R. doi:10.1103/PhysRevB.39.11828. PMID 9948016.

18.   Das, A.; Chakrabarti, B. K. (2008). "Recozimento Quântico e Computação Quântica Analógica". Rev. Mod. Phys. 80 (3): 1061-1081. arXiv:0801.2193. Bibcode:2008RvMP...80.1061D.   CiteSeerX   10.1.1.563.9990. doi:10.1103/RevModPhys.80.1061. S2CID 14255125.

19. Ekert, A. K (1991). "Criptografia quântica baseada no teorema de Bell". Phys. Rev.   Lett.   67   (6):   661-663.   Bibcode:1991PhRvL..67..661E. doi:10.1103/PhysRevLett.67.661. PMID 10044956.

20.   Isaac L. Chuang e Yoshihisa Yamamoto. "Computador quântico simples". Physical Review A 52, 3489 (1995)

21. W.Shor, Peter (1995). "Esquema para reduzir a decoerência na memória do computador   quântico".   Physical   Review   A.   52   (4):   R2493-R2496. Bibcode:1995PhRvA..52.2493S. doi:10.1103/PhysRevA.52.R2493. PMID 9912632.

22.   Monroe, C; Meekhof, D. M; King, B. E; Itano, W. M; Wineland, D. J (18 de dezembro de 1995). "Demonstração de uma porta lógica quântica fundamental" (PDF). Physical Review Letters. 75 (25): 4714-4717. Bibcode:1995PhRvL..75.4714M. doi:10.1103/PhysRevLett.75.4714. PMID 10059979. Recuperado em 29 de dezembro de 2007.

23. Steane, Andrew (1996). "Interferência de partículas múltiplas e correção quântica de erros". Proc. Roy. Soc. Lond. A. 452 (1954): 2551–2577. arXiv:quant-ph/9601029. Bibcode:1996RSPSA.452.2551S. doi:10.1098/rspa.1996.0136. S2CID 8246615.

24.   DiVincenzo, David P (1996). "Tópicos em Computadores Quânticos". arXiv:cond-mat/9612126. Bibcode:1996cond.mat.12126D.

25.   A. Yu. Kitaev (2003). "Computação quântica tolerante a falhas por anyons". Annals   of   Physics.   303   (1):   2-30.   arXiv:quant-ph/9707021. Bibcode:2003AnPhy.303....2K.   doi:10.1016/S0003-4916(02)00018-0.   S2CID 119087885.

26.   D. Loss e D. P. DiVincenzo, "Quantum computation with quantum dots", Phys. Rev. A 57, p120 (1998); em arXiv.org em Jan. 1997

27.   Chuang, Isaac L.; Gershenfeld, Neil; Kubinec, Mark (13 de abril de 1998). "Implementação experimental de pesquisa quântica rápida". Physical Review Letters. 80   (15):   3408-3411.   Bibcode:1998PhRvL..80.3408C. doi:10.1103/PhysRevLett.80.3408. S2CID 13891055.

28.   Kane, B. E. (14 de maio de 1998). "Um computador quântico de spin nuclear baseado em silício". Nature. 393 (6681): 133-137. Bibcode:1998Natur.393..133K. doi:10.1038/30156. ISSN 0028-0836. S2CID 8470520.

29.   Gottesman, Daniel (1999). "A Representação de Heisenberg dos Computadores Quânticos". Em S. P. Corney; R. Delbourgo; P. D. Jarvis (eds.). Actas do Xxii International Colloquium on Group Theoretical Methods in Physics. Vol. 22. Cambridge, MA: International Press. pp. 32–43. arXiv:quant-ph/9807006v1. Bibcode:1998quant.ph..7006G.

30. Braunstein, S. L; Caves, C. M; Jozsa, R; Linden, N; Popescu, S; Schack, R (1999). "Separabilidade de estados mistos muito ruidosos e implicações para a computação

quântica NMR". Physical Review Letters. 83 (5): 1054–1057. arXiv:quant-ph/9811018. Bibcode:1999PhRvL..83.1054B. doi:10.1103/PhysRevLett.83.1054. S2CID 14429986.

31.　Y. Nakamura, Yu. A. Pashkin e J. S. Tsai. "Controlo coerente de estados quânticos macroscópicos numa caixa de par único-Cooper". Nature 398, 786-788 (1999) https://doi.org/10.1038/19718

32.　Linden, Noah; Popescu, Sandu (2001). "Good Dynamics versus Bad Kinematics: Is Entanglement Needed for Quantum Computation?". Physical Review Letters. 87 (4): 047901. arXiv:quant-ph/9906008. Bibcode:2001PhRvL..87d7901L. doi:10.1103/PhysRevLett.87.047901. PMID 11461646. S2CID 10533287.

33. Raussendorf, R; Briegel, H. J (2001). "Um computador quântico unidirecional". Physical Review Letters. 86 (22): 5188-91. Bibcode:2001PhRvL..86.5188R. CiteSeerX 10.1.1.252.5345. doi:10.1103/PhysRevLett.86.5188. PMID 11384453.

34.　n.d. Instituto de Computação Quântica "Factos rápidos". 15 de maio de 2013. Recuperado em 26 de julho de 2016.

35. Gulde, S; Riebe, M; Lancaster, G. P. T; Becher, C; Eschner, J; Häffner, H; Schmidt-Kaler, F; Chuang, I. L; Blatt, R (2 de janeiro de 2003). "Implementação do algoritmo Deutsch-Jozsa num computador quântico de armadilha de iões". Nature. 421 (6918): 48-50. Bibcode:2003Natur.421...48G. doi:10.1038/nature01336. PMID 12511949. S2CID 4401708.

36.　Pittman, T. B.; Fitch, M. J.; Jacobs, B. C; Franson, J. D. (2003). "Porta lógica experimental controlada-não controlada para fótons únicos na base de coincidência". Phys. Rev. A. 68 (3): 032316. arXiv:quant-ph/0303095. Bibcode:2003PhRvA..68c2316P. doi:10.1103/physreva.68.032316. S2CID 119476903.

37.　O'Brien, J. L.; Pryde, G. J.; White, A. G.; Ralph, T. C.; Branning, D. (2003). "Demonstração de uma porta NOT controlada quântica totalmente ótica". Nature. 426 (6964): 264–267. arXiv:quant-ph/0403062. Bibcode:2003Natur.426..264O. doi:10.1038/nature02054. PMID 14628045. S2CID 9883628.

38. Schmidt-Kaler, F; Häffner, H; Riebe, M; Gulde, S; Lancaster, G. P. T; Deutschle, T; Becher, C; Roos, C. F; Eschner, J; Blatt, R (27 de março de 2003). "Realização da porta quântica Cirac-Zoller controlada-NOT". Nature. 422 (6930): 408-411. Bibcode:2003Natur.422..408S. doi:10.1038/nature01494. PMID 12660777. S2CID 4401898.

39.　Riebe, M; Häffner, H; Roos, C. F; Hänsel, W; Benhelm, J; Lancaster, G. P. T; Körber, T. W; Becher, C; Schmidt Kaler, F; James, D. F. V; Blatt, R (17 de junho de 2004). "Teletransporte quântico determinístico com átomos". Nature. 429 (6993): 734-737. Bibcode:2004Natur.429..734R. doi:10.1038/nature02570. PMID 15201903. S2CID 4397716.

40.　Zhao, Z; Chen, Y. A; Zhang, A. N; Yang, T; Briegel, H. J; Pan, J. W (2004). "Demonstração experimental de emaranhamento de cinco fótons e teletransporte de destino aberto". Nature. 430 (6995): 54-58. arXiv:quant-ph/0402096. Bibcode:2004Natur.430...54Z. doi:10.1038/nature02643. PMID 15229594. S2CID 4336020.

41.　Dumé, Belle (22 de novembro de 2005). "Avanço na medição quântica". PhysicsWeb. Recuperado em 10 de agosto de 2018.

42. Häffner, H; Hänsel, W; Roos, C. F; Benhelm, J; Chek-Al-Kar, D; Chwalla, M; Körber, T; Rapol, U. D; Riebe, M; Schmidt, P. O; Becher, C; Gühne, O; Dür, W; Blatt, R (1 de dezembro de 2005). "Emaranhamento multipartículas escalável de iões aprisionados". Nature. 438 (7068): 643–646. arXiv:quant-ph/0603217.

Bibcode:2005Natur.438..643H. doi:10.1038/nature04279. PMID 16319886. S2CID 4411480.

43.   4 de janeiro de 2006 Universidade de Oxford "Bang-bang: um passo mais perto dos supercomputadores quânticos". Recuperado em 29 de dezembro de 2007.

44.   Dowling, Jonathan P. (2006). "Computar ou não computar?". Nature. 439 (7079): 919-920. Bibcode:2006Natur.439..919D. doi:10.1038/439919a. PMID 16495978. S2CID 4327844.

45.   Belle Dumé (23 de fevereiro de 2007). "O emaranhamento está a aquecer". Mundo da Física. Arquivado do original em 19 de outubro de 2007.

46.   16 de fevereiro de 2006 Universidade de York "O clone do Capitão Kirk e o bisbilhoteiro" (Comunicado de imprensa). Arquivado do original em 7 de fevereiro de 2007. Recuperado em 29 de dezembro de 2007.

47.   24 de março de 2006 Soft Machines "O melhor dos dois mundos - semicondutores orgânicos em nanoestruturas inorgânicas". Recuperado em 20 de maio de 2010.

48.   8 de junho de 2010 New Scientist Tom Simonite. "Descoberta da verificação de erros na computação quântica". Recuperado em 20 de maio de 2010.

49.   8 de maio de 2006 ScienceDaily "12-qubits alcançados na busca de informações quânticas". Recuperado em 20 de maio de 2010.

50.   7 de julho de 2010 New Scientist Tom Simonite. "Armadilha de iões plana é uma promessa para a computação quântica". Recuperado em 20 de maio de 2010.

51.   12 de julho de 2006 PhysOrg.com Luerweg, Frank. "Computador Quântico: Pinças laser seleccionam átomos". Arquivado do original em 15 de dezembro de 2007. Recuperado em 29 de dezembro de 2007.

52.   16 de agosto de 2006 New Scientist "'Electron-spin' trick boosts quantum computing". Arquivado do original em 22 de novembro de 2006. Recuperado em 29 de dezembro de 2007.

53.   16 de agosto de 2006 NewswireToday Michael Berger. "Moléculas de pontos quânticos - um passo adiante em direção à computação quântica". Recuperado em 29 de dezembro de 2007.

54.   7 de setembro de 2006 PhysOrg.com "Nova teoria sobre o spin das partículas aproxima a ciência da computação quântica". Arquivado do original em 17 de janeiro de 2008. Recuperado em 29 de dezembro de 2007.

55.   4 de outubro de 2006 New Scientist Merali, Zeeya (2006). "Passos assustadores para uma rede quântica". New Scientist. 192 (2572): 12. doi:10.1016/s0262-4079(06)60639-8. Recuperado em 29 de dezembro de 2007.

56.   24 de outubro de 2006 PhysOrg.com Lisa Zyga. "Cientistas apresentam método para emaranhar objectos macroscópicos". Arquivado do original em 13 de outubro de 2007. Recuperado em 29 de dezembro de 2007.

57.   2 de novembro de 2006 Universidade de Illinois em Urbana-Champaign James E. Kloeppel. "Coerência quântica possível em sistemas eletrônicos incomensuráveis". Recuperado em 19 de agosto de 2010.

58.   19 de novembro de 2006 PhysOrg.com "A Quantum (Computer) Step: Estudo mostra que é viável ler dados armazenados como 'spins' nucleares". Arquivado do original em 29 de setembro de 2007. Recuperado em 29 de dezembro de 2007.

59.   8 de janeiro de 2007 New Scientist Jeff Hecht. "O 'cabo coaxial' nanoscópico transmite luz". Recuperado em 30 de dezembro de 2007.

60.   21 de fevereiro de 2007 The Engineer "Toshiba revela segurança quântica". Recuperado em 30 de dezembro de 2007.

61.   Lu, Chao-Yang; Zhou, Xiao-Qi; Gühne, Otfried; Gao, Wei-Bo; Zhang, Jin; Yuan, Zhen-Sheng; Goebel, Alexander; Yang, Tao; Pan, Jian-Wei (2007).

"Emaranhamento experimental de seis fotões em estados gráficos". Natureza Física. 3 (2): 91-95. arXiv:quant-ph/0609130. Bibcode:2007NatPh...3...91L. doi:10.1038/nphys507. S2CID 16319327.

62. 15 de março de 2007 New Scientist Zeeya Merali. "O universo é uma rede líquida de cordas". Recuperado em 30 de dezembro de 2007.

63. 12 de março de 2007 Sociedade Max Planck "Um servidor de fotão único com apenas um átomo" (Comunicado de imprensa). Recuperado em 30 de dezembro de 2007.

64. 18 de abril de 2007 PhysOrg.com Miranda Marquit. "Primeiro uso do Algoritmo de Deutsch em um computador quântico de estado de cluster". Arquivado do original em 17 de janeiro de 2008. Recuperado em 30 de dezembro de 2007.

65. 19 de abril de 2007 , Electronics Weekly Steve Bush. "Equipa de Cambridge mais perto do computador quântico funcional". Arquivado do original em 15 de maio de 2012. Recuperado em 30 de dezembro de 2007.

66. 7 de maio de 2007 Wired Cyrus Farivar (7 de maio de 2007). "É a "fiação" que é complicada na computação quântica". Wired. Arquivado do original em 6 de julho de 2008. Recuperado em 30 de dezembro de 2007.

67. 8 de maio de 2007 Media-Newswire.com "NEC, JST e RIKEN demonstram com sucesso os primeiros Qubits acoplados de forma controlável do mundo" (Comunicado de imprensa). Recuperado em 30 de dezembro de 2007.

68. 16 de maio de 2007 Scientific American JR Minkel. "A spintrónica rompe a barreira do silício". Recuperado em 30 de dezembro de 2007.

69. 22 de maio de 2007 PhysOrg.com Lisa Zyga. "Os cientistas demonstram a troca de estados quânticos entre a luz e a matéria". Arquivado do original em 7 de março de 2008. Recuperado em 30 de dezembro de 2007.

70. 1 de junho de 2007 Science Dutt, M. V; Childress, L; Jiang, L; Togan, E; Maze, J; Jelezko, F; Zibrov, A. S; Hemmer, P. R; Lukin, M. D (2007). "Registo Quântico Baseado em Qubits Individuais de Spin Eletrónico e Nuclear em Diamante". Science. 316 (5829): 1312-6. Bibcode:2007Sci...316.....D. doi:10.1126/science.1139831. PMID 17540898. S2CID 20697722.

71. 14 de junho de 2007 Nature Plantenberg, J. H.; De Groot, P. C.; Harmans, C. J. P. M.; Mooij, J. E. (2007). "Demonstração de portas quânticas controladas-NOT em um par de bits quânticos supercondutores". Nature. 447 (7146): 836-839. Bibcode:2007Natur.447..836P. doi:10.1038/nature05896. PMID 17568742. S2CID 3054763.

72. 17 de junho de 2007 New Scientist Mason Inman. "A armadilha de átomos é um passo em direção a um computador quântico". Recuperado em 30 de dezembro de 2007.

73. 29 de junho de 2007 Nanowerk.com "Os qubits nucleares podem apontar o caminho?". Recuperado em 30 de dezembro de 2007.

74. 27 de julho de 2007 ScienceDaily "Discovery Of 'Hidden' Quantum Order Improves Prospects For Quantum Super Computers". Recuperado em 30 de dezembro de 2007.

75. 23 de julho de 2007 PhysOrg.com Miranda Marquit. "O arsenieto de índio pode fornecer pistas para o processamento de informação quântica". Arquivado do original em 26 de setembro de 2007. Recuperado em 30 de dezembro de 2007.

76. 25 de julho de 2007 Instituto Nacional de Padrões e Tecnologia "Milhares de átomos trocam 'giros' com parceiros na dança quântica da praça". Arquivado do original em 18 de dezembro de 2007. Recuperado em 30 de dezembro de 2007.

77.   15 de agosto de 2007 PhysOrg.com Lisa Zyga. "Computador quântico ultrarrápido usa electrões controlados opticamente". Arquivado do original em 2 de janeiro de 2008. Recuperado em 30 de dezembro de 2007.

78.   15 de agosto de 2007, Electronics Weekly Steve Bush. "A pesquisa aponta o caminho para qubits em chips padrão". Recuperado em 30 de dezembro de 2007.

79.   17 de agosto de 2007 ScienceDaily "A descoberta da computação pode elevar a segurança a níveis sem precedentes". Recuperado em 30 de dezembro de 2007.

80.   21 de agosto de 2007 New Scientist Stephen Battersby. "Planos elaborados para RAM de computador quântico". Recuperado em 30 de dezembro de 2007.

81.   26 de agosto de 2007 PhysOrg.com "Transístores de fotões para os supercomputadores do futuro". Arquivado do original em 1 de janeiro de 2008. Recuperado em 30 de dezembro de 2007.

82.   5 de setembro de 2007 Universidade de Michigan "Os físicos estabelecem uma comunicação quântica "assustadora"". Arquivado do original em 28 de dezembro de 2007. Recuperado em 30 de dezembro de 2007.

83.   13 de setembro de 2007 huliq.com "Qubits prontos para revelar nossos segredos". Recuperado em 30 de dezembro de 2007.

84.   26 de setembro de 2007 New Scientist Saswato Das. "O chip quântico anda no autocarro supercondutor". Recuperado em 30 de dezembro de 2007.

85.   27 de setembro de 2007 ScienceDaily "Criado cabo de computação quântica supercondutor". Recuperado em 30 de dezembro de 2007.

86.   11 de outubro de 2007, Electronics Weekly Steve Bush. "Transmissão de Qubit sinaliza avanço da computação quântica". Arquivado do original em 12 de outubro de 2007. Recuperado em 30 de dezembro de 2007.

87.   8 de outubro de 2007 TG Daily Rick C. Hodgin. "Novo avanço material traz os computadores quânticos um passo mais perto". Arquivado do original em 12 de dezembro de 2007. Recuperado em 30 de dezembro de 2007.

88.   19 de outubro de 2007 Optics.org "Memória de spin de um único eletrão com um ponto quântico semicondutor". Recuperado em 30 de dezembro de 2007.

89.   7 de novembro de 2007 New Scientist Stephen Battersby. "'Armadilha de luz' é um passo em direção à memória quântica". Recuperado em 30 de dezembro de 2007.

90.   12 de novembro de 2007 Nanowerk.com "O primeiro computador quântico de 28 qubit do mundo demonstrado online na Conferência de Supercomputação 2007". Recuperado em 30 de dezembro de 2007.

91.   12 de dezembro de 2007 PhysOrg.com "Dispositivo de secretária gera e aprisiona moléculas ultrafrias raras". Arquivado do original em 15 de dezembro de 2007. Recuperado em 31 de dezembro de 2007.

92.   19 de dezembro de 2007 Universidade de Toronto Kim Luke. "Cientistas da U of T dão um salto na computação quântica A pesquisa é um passo em direção à construção dos primeiros computadores quânticos". Arquivado do original em 28 de dezembro de 2007. Recuperado em 31 de dezembro de 2007.

93.   18 de fevereiro de 2007 www.nature.com (jornal) Trauzettel, Björn; Bulaev, Denis V.; Loss, Daniel; Burkard, Guido (2007). "Qubits de spin em pontos quânticos de grafeno". Natureza Física. 3 (3): 192–196. arXiv:cond-mat/0611252. Bibcode:2007NatPh...3..192T. doi:10.1038/nphys544. S2CID 119431314.

94.   15 de janeiro de 2008 Miranda Marquit. "O ponto quântico de grafeno pode resolver alguns problemas de computação quântica". Arquivado do original em 17 de janeiro de 2008. Recuperado em 16 de janeiro de 2008.

95.   25 de janeiro de 2008 EETimes Europe. "Cientistas conseguem armazenar bit quântico". Recuperado em 5 de fevereiro de 2008.

96.	26 de fevereiro de 2008 Lisa Zyga. "Físicos demonstram emaranhamento qubit-qutrit". Arquivado do original em 29 de fevereiro de 2008. Recuperado em 27 de fevereiro de 2008.

97.	26 de fevereiro de 2008 ScienceDaily. "Lógica analógica para computação quântica". Recuperado em 27 de fevereiro de 2008.

98.	5 de março de 2008 Zenaida Gonzalez Kotala. "Os futuros 'computadores quânticos' oferecerão maior eficiência... e riscos". Recuperado em 5 de março de 2008.

99.	6 de março de 2008 Ray Kurzweil. "A memória emaranhada é a primeira". Recuperado em 8 de março de 2008.

100.	27 de março de 2008 Joann Fryer. "Chips de silício para tecnologias quânticas ópticas". Recuperado em 29 de março de 2008.

101.	7 de abril de 2008 Ray Kurzweil. "O avanço do Qutrit aproxima os computadores quânticos". Recuperado em 7 de abril de 2008.

102.	15 de abril de 2008 Kate Greene. "Rumo a uma internet quântica". Recuperado em 16 de abril de 2008.

103.	24 de abril de 2008 Universidade de Princeton. "Cientistas descobrem estado quântico exótico da matéria". Arquivado do original em 30 de abril de 2008. Recuperado em 29 de abril de 2008.

104.	23 de maio de 2008 Belle Dumé. "Estados de spin perduram em ponto quântico". Arquivado do original em 29 de maio de 2008. Recuperado em 3 de junho de 2008.

105.	27 de maio de 2008 Chris Lee. "Ímanes moleculares em bolhas de sabão podem levar à RAM quântica". Recuperado em 3 de junho de 2008.

106.	2 de junho de 2008 Instituto Weizmann de Ciência. "Cientistas encontram novas 'quasipartículas'". Recuperado em 3 de junho de 2008.

107.	23 de junho de 2008 Lisa Zyga. "Físicos armazenam imagens em vapor". Arquivado do original em 15 de setembro de 2008. Recuperado em 26 de junho de 2008.

108.	25 de junho de 2008 Physorg.com. "Físicos produzem imagens emaranhadas quânticas". Arquivado do original em 29 de agosto de 2008. Recuperado em 26 de junho de 2008.

109.	26 de junho de 2008 Steve Tally. "O avanço da computação quântica surge de uma molécula desconhecida". Recuperado em 28 de junho de 2008.

110.	17 de julho de 2008 Lauren Rugani. "Salto Quântico". Recuperado em 17 de julho de 2008.

111.	5 de agosto de 2008 Science Daily. "Avanço na mecânica quântica: Circuito eletrónico supercondutor bombeia fotões de micro-ondas". Recuperado em 6 de agosto de 2008.

112.	3 de setembro de 2008 Physorg.com. "Nova sonda pode ajudar a computação quântica". Arquivado do original em 5 de setembro de 2008. Recuperado em 6 de setembro de 2008.

113.	25 de setembro de 2008 ScienceDaily. "Novo processo promete dar o pontapé de saída no sector da tecnologia quântica". Recuperado em 16 de outubro de 2008.

114.	22 de setembro de 2008 Jeremy L. O'Brien. "Computação quântica sobre o arco-íris". Recuperado em 16 de outubro de 2008.

115.	20 de outubro de 2008 Science Blog. "Relações entre Pontos Quânticos - Estabilidade e Reprodução". Arquivado do original em 22 de outubro de 2008. Recuperado em 20 de outubro de 2008.

116.	22 de outubro de 2008 Steven Schultz. "Memórias de um qubit: A memória híbrida resolve um problema chave para a computação quântica". Recuperado em 23 de outubro de 2008.

117.	23 de outubro de 2008 Fundação Nacional de Ciências. "O menor espaço de armazenamento do mundo ... o núcleo de um átomo". Recuperado em 27 de outubro de 2008.

118.	20 de novembro de 2008 Dan Stober. "Stanford: A computação quântica está mais próxima". Recuperado em 22 de novembro de 2008.

119.	5 de dezembro de 2008 Miranda Marquit. "Computação quântica: O emaranhamento pode não ser necessário". Arquivado do original em 8 de dezembro de 2008. Recuperado em 9 de dezembro de 2008.

120.	19 de dezembro de 2008 Próximo Grande Futuro. "O chip de 128 qubit do sistema Dwave foi feito". Arquivado do original em 23 de dezembro de 2008. Recuperado em 20 de dezembro de 2008.

121.	7 de abril de 2009 Próximo Grande Futuro. "Três vezes maior pureza de carbono 12 para diamante sintético permite melhor computação quântica". Arquivado do original em 11 de abril de 2009. Recuperado em 19 de maio de 2009.

122.	23 de abril de 2009 Kate Greene. "Prolongando a vida útil dos bits quânticos". Recuperado em 1 de junho de 2020.

123.	29 de maio de 2009 physorg.com. "Os investigadores fazem um avanço no controlo quântico da luz". Arquivado do original em 31 de janeiro de 2013. Recuperado em 30 de maio de 2009.

124.	3 de junho de 2009 physorg.com. "Físicos demonstram emaranhamento quântico em sistema mecânico". Arquivado do original em 31 de janeiro de 2013. Recuperado em 13 de junho de 2009.

125.	24 de junho de 2009 Nicole Casal Moore. "Lasers podem aumentar a memória de bits quânticos em 1.000 vezes". Recuperado em 27 de junho de 2009.

126.	29 de junho de 2009 www.sciencedaily.com. "Criado o primeiro processador quântico eletrónico". Recuperado em 29 de junho de 2009.

127.	Lu, C. Y; Gao, W. B; Gühne, O; Zhou, X. Q; Chen, Z. B; Pan, J. W (2009). "Demonstração de estatísticas fraccionais anyónicas com um simulador quântico de seis Qubit". Physical Review Letters. 102 (3): 030502. arXiv:0710.0278. Bibcode:2009PhRvL.102c0502L. doi:10.1103/PhysRevLett.102.030502. PMID 19257336. S2CID 11788852.

128.	6 de julho de 2009 Dario Borghino. "Computador quântico mais próximo: Transístor ótico feito de uma única molécula". Recuperado em 8 de julho de 2009.

129.	8 de julho de 2009 R. Colin Johnson. "NIST avança a computação quântica". Recuperado em 9 de julho de 2009.

130.	7 de agosto de 2009 Kate Greene. "Aumentando a escala de um computador quântico". Recuperado em 8 de agosto de 2009.

131.	11 de agosto de 2009 Devitt, S. J; Fowler, A. G; Stephens, A. M; Greentree, A. D; Hollenberg, L. C. L; Munro, W. J; Nemoto, K (2009). "Projeto de arquitetura para um computador quântico de estado de cluster topológico". Novo J. Phys. 11 (83032): 1221. arXiv:0808.1782. Bibcode:2009NJPh...11h3032D. doi:10.1088/1367-2630/11/8/083032. S2CID 56195929.

132.	4 de setembro de 2009 Home, J. P; Hanneke, D; Jost, J. D; Amini, J. M; Leibfried, D; Wineland, D. J (2009). "Conjunto completo de métodos para processamento de informações quânticas de armadilhas de íons escalonáveis". Science. 325 (5945): 1227-30. arXiv:0907.1865. Bibcode:2009Sci...325.1227H. doi:10.1126/science.1177077. PMID 19661380. S2CID 24468918.

133. Politi, A; Matthews, J. C; O'Brien, J. L (2009). "Algoritmo de fatoração quântica de Shor em um chip fotônico". Science. 325 (5945): 1221. arXiv:0911.1242. Bibcode:2009Sci...325.1221P. doi:10.1126/science.1173731. PMID 19729649. S2CID 17259222.

134. Wesenberg, J. H; Ardavan, A; Briggs, G. A. D; Morton, J. J. L; Schoelkopf, R. J; Schuster, D. I; Mølmer, K (2009). "Computação Quântica com um Conjunto de Spin de Electrões". Physical Review Letters. 103 (7): 070502. arXiv:0903.3506. Bibcode:2009PhRvL.103g0502W. doi:10.1103/PhysRevLett.103.070502. PMID 19792625. S2CID 6990125.

135. 23 de setembro de 2009 Geordie. "Demonstração experimental de um Qubit de fluxo robusto e escalável". Recuperado em 24 de setembro de 2009.

136. 25 de setembro de 2009 Colin Barras. "A 'metralhadora' de fotões pode alimentar computadores quânticos". Recuperado em 26 de setembro de 2009.

137. 9 de outubro de 2009 Larry Hardesty. "A computação quântica pode ser realmente útil". Recuperado em 10 de outubro de 2009.

138. 15 de novembro de 2009 New Scientist. "Revelado o primeiro computador quântico universal programável". Recuperado em 16 de novembro de 2009.

139. 20 de novembro de 2009 ScienceBlog. "Os físicos da UCSB aproximam-se mais um passo da computação quântica". Arquivado do original em 23 de novembro de 2009. Recuperado em 23 de novembro de 2009.

140. 11 de dezembro de 2009 Jeremy Hsu. "Google demonstra algoritmo quântico que promete pesquisa super rápida". Recuperado em 14 de dezembro de 2009.

141. Harris, R; Brito, F; Berkley, A J; Johansson, J; Johnson, M W; Lanting, T; Bunyk, P; Ladizinsky, E; Bumble, B; Fung, A; Kaul, A; Kleinsasser, A; Han, S (2009). "Sincronização de múltiplos qubits de fluxo rf-SQUID acoplados". Novo Jornal de Física. 11 (12): 123022. arXiv:0903.1884. Bibcode:2009NJPh...1113022H. doi:10.1088/1367-2630/11/12/123022. S2CID 54065717.

142. Monz, T; Kim, K; Villar, A. S; Schindler, P; Chwalla, M; Riebe, M; Roos, C. F; Häffner, H; Hänsel, W; Hennrich, M; Blatt, R (2009). "Realização de computação quântica de armadilha de íons universal com Qubits livres de decoerência". Physical Review Letters. 103 (20): 200503. arXiv:0909.3715. Bibcode:2009PhRvL.103t0503M. doi:10.1103/PhysRevLett.103.200503. PMID 20365970. S2CID 7632319.

143. "Uma década de avanços no mundo da física: 2009 - o primeiro computador quântico". 29 de novembro de 2019.

144. 20 de janeiro de 2010, blogue do arXiv. "Fazendo luz sobre armadilhas de iões". Recuperado em 21 de janeiro de 2010.

145. 28 de janeiro de 2010 Charles Petit (28 de janeiro de 2010). "Computador quântico simula a molécula de hidrogénio na perfeição". Wired. Recuperado em 5 de fevereiro de 2010.

146. 4 de fevereiro de 2010 Larry Hardesty. "O primeiro laser de germânio aproxima-nos dos 'computadores ópticos'". Arquivado do original em 24 de dezembro de 2011. Recuperado em 4 de fevereiro de 2010.

147. 6 de fevereiro de 2010 Science Daily. "Computação quântica dá um salto em frente: Alterar um eletrão solitário sem perturbar os seus vizinhos". Recuperado em 6 de fevereiro de 2010.

148. 18 de março de 2010 Jason Palmer (17 de março de 2010). "O objeto quântico da equipa é o maior por um fator de milhares de milhões". BBC News. Recuperado em 20 de março de 2010.

149. Universidade de Cambridge. "A descoberta de Cambridge pode abrir caminho para a computação quântica". Recuperado em 20 de março de 2010.[dead link]

150. 1 de abril de 2010 ScienceDaily. "A armadilha de íons da pista de corrida é um candidato na busca da computação quântica". Recuperado em 3 de abril de 2010.

151.	21 de abril de 2010 Universidade de Rice (21 de abril de 2010). "Matéria bizarra pode encontrar uso em computadores quânticos". Recuperado em 29 de agosto de 2018.

152.	27 de maio de 2010 E. Vetsch; et al. "Físicos alemães desenvolvem uma interface quântica entre a luz e os átomos". Arquivado do original em 19 de dezembro de 2011. Recuperado em 22 de abril de 2010.

153.	3 de junho de 2010 Asavin Wattanajantra. "Nova forma de LED aproxima a computação quântica". Arquivado do original em 5 de junho de 2010. Recuperado em 5 de junho de 2010.

154.	29 de agosto de 2010 Munro, W. J; Harrison, K. A; Stephens, A. M; Devitt, S. J; Nemoto, K (2010). "Da multiplexagem quântica à rede quântica de alto desempenho". Nature Photonics. 4 (11): 792-796. arXiv:0910.4038. Bibcode:2010NaPho...4..792M. doi:10.1038/nphoton.2010.213. S2CID 119243884.

155.	17 de setembro de 2010 Kurzweil acelerando a inteligência. "Chip ótico de dois fótons permite computação quântica mais complexa". Recuperado em 17 de setembro de 2010.

156.	"Rumo a um computador quântico útil: Os investigadores concebem e testam armadilhas de iões planares microfabricadas". ScienceDaily. 28 de maio de 2010. Recuperado em 20 de setembro de 2010.

157.	"Futuro Quântico: Designing and Testing Microfabricated Planar Ion Traps". Instituto de Investigação da Georgia Tech. Recuperado em 20 de setembro de 2010.

158.	Aaronson, Scott; Arkhipov, Alex (2011). "A complexidade computacional da ótica linear". Actas do 43.º simpósio anual da ACM sobre Teoria da Computação - STOC '11. Nova York, Nova York, EUA: ACM Press. pp. 333-342. arXiv:1011.3245. doi:10.1145/1993636.1993682. ISBN 978-1-4503-0691-1.

159.	23 de dezembro de 2010 TU Delft. "Cientistas da TU na Nature: Melhor controlo dos blocos de construção do computador quântico". Arquivado do original em 24 de dezembro de 2010. Recuperado em 26 de dezembro de 2010.

160.	Simmons, Stephanie; Brown, Richard M; Riemann, Helge; Abrosimov, Nikolai V; Becker, Peter; Pohl, Hans-Joachim; Thewalt, Mike L. W; Itoh, Kohei M; Morton, John J. L (2011). "Emaranhamento em um conjunto de spin de estado sólido". Natureza. 470 (7332): 69-72. arXiv:1010.0107. Bibcode:2011Natur.470...69S. doi:10.1038/nature09696. PMID 21248751. S2CID 4322097.

161.	14 de fevereiro de 2011 Gabinete de Relações Públicas da UC Santa Barbara. "Equipe internacional de cientistas diz que é meio-dia para fótons de micro-ondas". Recuperado em 16 de fevereiro de 2011.

162.	24 de fevereiro de 2011 Kurzweil Accelerating Intelligence. "'Antenas quânticas' permitem a troca de informações quânticas entre duas células de memória". Recuperado em 24 de fevereiro de 2011.

163.	Peruzzo, Alberto; Laing, Anthony; Politi, Alberto; Rudolph, Terry; O'Brien, Jeremy L (2011). "Interferência quântica multimodo de fotões em dispositivos integrados multiportas". Nature Communications. 2: 224. arXiv:1007.1372. Bibcode:2011NatCo...2..224P. doi:10.1038/ncomms1228. PMC 3072100. PMID 21364563.

164.	7 de março de 2011 KFC. "Nova técnica de ressonância magnética pode revolucionar a computação quântica". Recuperado em 1 de junho de 2020.

165.	17 de março de 2011 Christof Weitenberg; Manuel Endres; Jacob F. Sherson; Marc Cheneau; Peter Schauß; Takeshi Fukuhara; Immanuel Bloch & Stefan Kuhr. "Uma caneta quântica para átomos individuais". Arquivado do original em 18 de março de 2011. Recuperado em 19 de março de 2011.

166.	21 de março de 2011 Cordisnews. "A pesquisa alemã nos leva um passo mais perto da computação quântica". Recuperado em 22 de março de 2011.

167.	Monz, T; Schindler, P; Barreiro, J. T; Chwalla, M; Nigg, D; Coish, W. A; Harlander, M; Hänsel, W; Hennrich, M; Blatt, R (2011). "Emaranhamento de 14 Qubit: Criação e Coerência". Physical Review Letters. 106 (13): 130506. arXiv:1009.6126. Bibcode:2011PhRvL.106m0506M. doi:10.1103/PhysRevLett.106.130506. PMID 21517367. S2CID 8155660.

168.	12 de maio de 2011 Physicsworld.com. "Empresa de computação quântica abre a caixa". Arquivado do original em 15 de maio de 2011. Recuperado em 17 de maio de 2011.

169.	Physorg.com (26 de maio de 2011). "Correção de erro repetitivo demonstrada em um processador quântico". physorg.com. Arquivado do original em 7 de janeiro de 2012. Recuperado em 26 de maio de 2011.

170.	27 de junho de 2011 UC Santa Barbara. "Equipe internacional demonstra memória quântica subatômica em diamante". Recuperado em 29 de junho de 2011.

171.	15 de julho de 2011 Nanowerk News. "Avanço da computação quântica na criação de um grande número de qubits emaranhados". Recuperado em 18 de julho de 2011.

172.	20 de julho de 2011 Nanowerk News. "Os cientistas dão o próximo grande passo em direção à computação quântica". Recuperado em 20 de julho de 2011.

173.	2 de agosto de 2011 nanowerk. "A simplificação dramática abre o caminho para a construção de um computador quântico". Recuperado em 3 de agosto de 2011.

174.	Ospelkaus, C; Warring, U; Colombe, Y; Brown, K. R; Amini, J. M; Leibfried, D; Wineland, D. J (2011). "Portas lógicas quânticas de micro-ondas para íons presos". Natureza. 476 (7359): 181-184. arXiv:1104.3573. Bibcode:2011Natur.476..181O. doi:10.1038/nature10290. PMID 21833084. S2CID 2902510.

175.	30 de agosto de 2011 Laura Ost. "O NIST atinge uma taxa de erro baixa recorde para processamento de informações quânticas com um Qubit". Recuperado em 3 de setembro de 2011.

176.	1 de setembro de 2011 Mariantoni, M; Wang, H; Yamamoto, T; Neeley, M; Bialczak, R. C; Chen, Y; Lenander, M; Lucero, E; O'Connell, A. D; Sank, D; Weides, M; Wenner, J; Yin, Y; Zhao, J; Korotkov, A. N; Cleland, A. N; Martinis, J. M (2011). "Implementando a Arquitetura Quantum von Neumann com Circuitos Supercondutores". Ciência. 334 (6052): 61-65. arXiv:1109.3743. Bibcode:2011Sci...334...61M. doi:10.1126/science.1208517. PMID 21885732. S2CID 11483576.

177.	Jablonski, Chris (4 de outubro de 2011). "Um passo mais perto dos computadores quânticos". ZDnet. Recuperado em 29 de agosto de 2018.

178.	2 de dezembro de 2011 Clara Moskowitz; Ian Walmsley; Michael Sprague. "Dois diamantes ligados por estranho emaranhamento quântico". Recuperado em 2 de dezembro de 2011.

179.	Bian, Z; Chudak, F; MacReady, W. G; Clark, L; Gaitan, F (2013). "Determinação experimental dos números de Ramsey com recozimento quântico". Physical Review Letters. 111 (13): 130505. arXiv: 1201.1842. Bibcode:2013PhRvL.111m0505B. doi:10.1103/PhysRevLett.111.130505. PMID 24116761. S2CID 1303361.

180.	Fuechsle, M; Miwa, J. A; Mahapatra, S; Ryu, H; Lee, S; Warschkow, O; Hollenberg, L. C; Klimeck, G; Simmons, M. Y (19 de fevereiro de 2012). "Um transístor de um só átomo". Natureza Nanotecnologia. 7 (4): 242-246. Bibcode:2012NatNa...7..242F. doi:10.1038/nnano.2012.21. PMID 22343383. S2CID 14952278.

181.   John Markoff (19 de fevereiro de 2012). "Os físicos criam um transistor funcional a partir de um único átomo". The New York Times. Recuperado em 19 de fevereiro de 2012.

182. Grotz, Bernhard; Hauf, Moritz V; Dankerl, Markus; Naydenov, Boris; Pezzagna, Sébastien; Meijer, Jan; Jelezko, Fedor; Wrachtrup, Jörg; Stutzmann, Martin; Reinhard, Friedemann; Garrido, Jose A (2012). "Manipulação do estado de carga de qubits em diamante". Natureza das Comunicações. 3: 729. Bibcode:2012NatCo...3..729G. doi:10.1038/ncomms1729. PMC 3316888. PMID 22395620.

183.   Britton, J. W; Sawyer, B. C; Keith, A. C; Wang, C. C; Freericks, J. K; Uys, H; Biercuk, M. J; Bollinger, J. J (26 de abril de 2012). "Interações de Ising bidimensionais projetadas em um simulador quântico de íons presos com centenas de spins". Natureza. 484 (7395): 489-492. arXiv:1204.5789. Bibcode:2012Natur.484..489B. doi:10.1038/nature10981. PMID 22538611. S2CID 4370334.

184.   Lucy Sherriff. "Simulador quântico de 300 átomos quebra recorde de qubit". Recuperado em 9 de fevereiro de 2015.

185.   Yao, Xing-Can; Wang, Tian-Xiong; Chen, Hao-Ze; Gao, Wei-Bo; Fowler, Austin G; Raussendorf, Robert; Chen, Zeng-Bing; Liu, Nai-Le; Lu, Chao-Yang; Deng, You-Jin; Chen, Yu-Ao; Pan, Jian-Wei (2012). "Demonstração experimental da correção de erros topológicos". Nature. 482 (7386): 489-494. arXiv:0905.1542. Bibcode:2012Natur.482..489Y. doi:10.1038/nature10770. PMID 22358838. S2CID 4307662.

186.   1QBit. "Sítio Web 1QBit".

187.   14 de outubro de 2012 Munro, W. J; Stephens, A. M; Devitt, S. J; Harrison, K. A; Nemoto, K (2012). "Comunicação quântica sem a necessidade de memórias quânticas". Natureza Fotónica. 6 (11): 777-781. arXiv: 1306.4137. Bibcode:2012NaPho...6..777M. doi:10.1038/nphoton.2012.243. S2CID 5056130.

188.   Maurer, P. C; Kucsko, G; Latta, C; Jiang, L; Yao, N. Y; Bennett, S. D; Pastawski, F; Hunger, D; Chisholm, N; Markham, M; Twitchen, D. J; Cirac, J. I; Lukin, M. D (8 de junho de 2012). "Memória de bits quânticos à temperatura ambiente excedendo um segundo". Ciência (manuscrito submetido). 336 (6086): 1283-1286. Bibcode:2012Sci...336.1283M. doi:10.1126/science.1220513. PMID 22679092. S2CID 2684102.

189.   Peckham, Matt (6 de julho de 2012). "Computação quântica à temperatura ambiente - agora uma realidade". Revista/Periódico. Revista Time (Techland) Time Inc. p. 1. Recuperado em 5 de agosto de 2012.

190.   Koh, Dax Enshan; Hall, Michael J. W; Setiawan; Pope, James E; Marletto, Chiara; Kay, Alastair; Scarani, Valerio; Ekert, Artur (2012). "Efeitos da independência de medição reduzida na expansão de aleatoriedade baseada em sino". Physical Review Letters. 109 (16): 160404. arXiv:1202.3571. Bibcode:2012PhRvL.109p0404K. doi:10.1103/PhysRevLett.109.160404. PMID 23350071. S2CID 18935137.

191.   7 de dezembro de 2012 Horsman, C; Fowler, A. G; Devitt, S. J; Van Meter, R (2012). "Computação quântica de código de superfície por cirurgia de rede". Novo J. Phys. 14 (12): 123011. arXiv:1111.4022. Bibcode:2012NJPh...1413011H. doi:10.1088/1367-2630/14/12/123011. S2CID 119212756.

192. Kastrenakes, Jacob (14 de novembro de 2013). "Pesquisadores quebram o recorde de armazenamento de computadores quânticos". Webzine. A Verge. Recuperado em 20 de novembro de 2013.

193.   "Descoberta do computador quântico 2013". 24 de novembro de 2013.

194.   10 de outubro de 2013 Devitt, S. J; Stephens, A. M; Munro, W. J; Nemoto, K (2013). "Requisitos para fatoração tolerante a falhas em um computador quântico átomo-ótico". Comunicações da natureza. 4: 2524. arXiv: 1212.4934.

Bibcode:2013NatCo...4.2524D. doi:10.1038/ncomms3524. PMID 24088785. S2CID 7229103.
195.	Projeto de penetração em alvos difíceis
196.	A NSA pretende desenvolver um computador quântico para quebrar quase todos os tipos de encriptação -- KurzweilAI.net 3 de janeiro de 2014
197.	A NSA procura construir um computador quântico capaz de decifrar a maioria dos tipos de encriptação - Washington Post
198.	A NSA está a construir um computador para decifrar quase todos os códigos - Time.com
199.	4 de agosto de 2014 Nemoto, K.; Trupke, M.; Devitt, S. J; Stephens, A. M; Scharfenberger, B; Buczak, K; Nobauer, T; Everitt, M. S; Schmiedmayer, J; Munro, W. J (2014). "Arquitetura fotônica para processamento de informação quântica escalonável em diamante". Revisão Física X. 4 (3): 031022. arXiv: 1309.4277. Bibcode:2014PhRvX...4c1022N. doi:10.1103/PhysRevX.4.031022. S2CID 118418371.
200.	Nigg, D; Müller, M; Martinez, M. A; Schindler, P; Hennrich, M; Monz, T; Martin-Delgado, M. A; Blatt, R (18 de julho de 2014). "Computações quânticas em um qubit codificado topologicamente". Ciência. 345 (6194): 302-305. arXiv:1403.5426. Bibcode:2014Sci...345..302N. doi:10.1126/science.1253742. PMID 24925911. S2CID 9677048.
201.	Markoff, John (29 de maio de 2014). "Cientistas relatam ter encontrado uma maneira confiável de teletransportar dados". New York Times. Recuperado em 29 de maio de 2014.
202.	Pfaff, W; Hensen, B. J; Bernien, H; Van Dam, S. B; Blok, M. S; Taminiau, T. H; Tiggelman, M. J; Schouten, R. N; Markham, M; Twitchen, D. J; Hanson, R (29 de maio de 2014). "Teletransporte quântico incondicional entre bits quânticos de estado sólido distantes". Ciência. 345 (6196): 532-535. arXiv:1404.4369. Bibcode:2014Sci...345..532P. doi:10.1126/science.1253512. PMID 25082696. S2CID 2190249.
203.	Zhong, Manjin; Hedges, Morgan P; Ahlefeldt, Rose L; Bartholomew, John G; Beavan, Sarah E; Wittig, Sven M; Longdell, Jevon J; Sellars, Matthew J (2015). "Spins nucleares opticamente endereçáveis em um sólido com um tempo de coerência de seis horas". Natureza. 517 (7533): 177-180. Bibcode:2015Natur.517..177Z. doi:10.1038/nature14025. PMID 25567283. S2CID 205241727.
204.	13 de abril de 2015 "Breakthrough abre portas para computadores quânticos accssíveis". Recuperado em 16 de abril de 2015.
205.	Córcoles, A.D; Magesan, Easwar; Srinivasan, Srikanth J; Cross, Andrew W; Steffen, M; Gambetta, Jay M; Chow, Jerry M (2015). "Demonstração de um código de deteção de erro quântico usando uma rede quadrada de quatro qubits supercondutores". Natureza das Comunicações. 6: 6979. arXiv: 1410.6419. Bibcode:2015NatCo...6.6979C. doi:10.1038/ncomms7979. PMC 4421819. PMID 25923200.
206.	22 de junho de 2015 "D-Wave Systems Inc., a primeira empresa de computação quântica do mundo, anunciou hoje que quebrou a barreira dos 1000 qubit". Recuperado em 22 de junho de 2015.
207.	6 de outubro de 2015 "Obstáculo crucial superado na computação quântica". Recuperado em 6 de outubro de 2015.
208.	"Computador quântico emulado por um sistema clássico".
209.	Monz, T; Nigg, D; Martinez, E. A; Brandl, M. F; Schindler, P; Rines, R; Wang, S. X; Chuang, I. L; Blatt, R; et al. (4 de março de 2016). "Realização de um algoritmo Shor escalável". Ciência. 351 (6277): 1068-1070. arXiv:1507.08852.

Bibcode:2016Sci...351.1068M. doi:10.1126/science.aad9480. PMID 26941315. S2CID 17426142.

210. 29 de setembro de 2016 Devitt, S. J (2016). "Realizando experimentos de computação quântica na nuvem". Revisão Física A. 94 (3): 032329. arXiv:1605.05709. Bibcode:2016PhRvA..94c2329D. doi:10.1103/PhysRevA.94.032329. S2CID 119217150.

211. Alsina, D; Latorre, J. I (2016). "Teste experimental das desigualdades de Mermin em um computador quântico de cinco qubit". Revisão Física A. 94 (1): 012314. arXiv:1605.04220. Bibcode:2016PhRvA..94a2314A. doi:10.1103/PhysRevA.94.012314. S2CID 119189277.

212. o'Malley, P. J. J; Babbush, R; Kivlichan, I. D; Romero, J; McClean, J. R; Barends, R; Kelly, J; Roushan, P; Tranter, A; Ding, N; Campbell, B; Chen, Y; Chen, Z; Chiaro, B; Dunsworth, A; Fowler, A. G; Jeffrey, E; Lucero, E; Megrant, A; Mutus, J. Y; Neeley, M; Neill, C; Quintana, C; Sank, D; Vainsencher, A; Wenner, J; White, T. C; Coveney, P. V; Love, P. J; Neven, H; et al. (18 de julho de 2016). "Simulação Quântica Escalável de Energias Moleculares". Revisão Física X. 6 (3): 031007. arXiv:1512.06860. Bibcode:2016PhRvX...6c1007O. doi:10.1103/PhysRevX.6.031007. S2CID 4884151.

213. 2 de novembro de 2016 Devitt, S. J; Greentree, A. D; Stephens, A. M; Van Meter, R (2016). "Rede quântica de alta velocidade por navio". Relatórios Científicos. 6: 36163. arXiv: 1605.05709. Bibcode:2016NatSR...636163D. doi:10.1038/srep36163. PMC 5090252. PMID 27805001.

214. "D-Wave anuncia o computador quântico D-Wave 2000Q e o primeiro pedido de sistema | D-Wave Systems". www.dwavesys.com. Recuperado em 26 de janeiro de 2017.

215. Lekitsch, B; Weidt, S; Fowler, A. G; Mølmer, K; Devitt, S. J; Wunderlich, C; Hensinger, W. K (1 de fevereiro de 2017). "Projeto para um computador quântico de íon aprisionado em micro-ondas". Ciência avança. 3 (2): e1601540. arXiv: 1508.00420. Bibcode:2017SciA....3E1540L. doi:10.1126/sciadv.1601540. PMC 5287699. PMID 28164154.

216. Meredith Rutland Bauer (17 de maio de 2017). "A IBM acaba de fazer um processador quântico de 17 Qubit, o mais poderoso até agora". Placa-mãe.

217. "Qudits: O verdadeiro futuro da computação quântica?". Espectro IEEE. 28 de junho de 2017. Recuperado em 29 de junho de 2017.

218. "A Microsoft joga para a próxima onda de computação com kit de ferramentas de computação quântica". arstechnica.com. 25 de setembro de 2017. Recuperado em 5 de outubro de 2017.

219. Knight, Will (10 de outubro de 2017). "Quantum Inside: Intel fabrica um novo chip exótico". Revisão de tecnologia do MIT. Recuperado em 5 de julho de 2018.

220. "IBM eleva a fasquia com um computador quântico de 50 Qubit". Revisão de tecnologia do MIT. Recuperado em 13 de dezembro de 2017.

221. Hignett, Katherine (16 de fevereiro de 2018). "A física cria uma nova forma de luz que pode impulsionar a revolução da computação quântica". Newsweek. Recuperado em 17 de fevereiro de 2018.

222. Liang, Q. Y; Venkatramani, A. V; Cantu, S. H; Nicholson, T. L; Gullans, M. J; Gorshkov, A. V; Thompson, J. D; Chin, C; Lukin, M. D; Vuletić, V (16 de fevereiro de 2018). "Observação de estados ligados a três fótons em um meio quântico não linear". Ciência. 359 (6377): 783-786. arXiv:1709.01478. Bibcode:2018Sci...359..783L. doi:10.1126/science.aao7293. PMC 6467536. PMID 29449489.

223. "Cientistas fazem grande avanço na computação quântica". Independent.co.uk. março de 2018.

224. Giles, Martin (15 de fevereiro de 2018). "O silício antiquado pode ser a chave para a construção de computadores quânticos onipresentes". Revisão de tecnologia do MIT. Recuperado em 5 de julho de 2018.

225. Emily Conover (5 de março de 2018). "O Google avança em direção à supremacia quântica com um computador de 72 qubit". Notícias da ciência. Recuperado em 28 de agosto de 2018.

226. Forrest, Conner (12 de junho de 2018). "Por que o menor chip de spin qubit da Intel pode ser um ponto de viragem na computação quântica". TechRepublic. Recuperado em 12 de julho de 2018.

227. Hsu, Jeremy (9 de janeiro de 2018). "CES 2018: O chip de 49 Qubit da Intel dispara para a supremacia quântica". Instituto de Engenheiros Elétricos e Eletrônicos. Recuperado em 5 de julho de 2018.

228. Nagata, K; Kuramitani, K; Sekiguchi, Y; Kosaka, H (13 de agosto de 2018). "Portas quânticas holonômicas universais sobre qubits de spin geométrico com micro-ondas polarizadas". Natureza das Comunicações. 9 (3227): 3227. Bibcode:2018NatCo...9.3227N. doi:10.1038/s41467-018-05664-w. PMC 6089953. PMID 30104616.

229. Lenzini, Francesco (7 de dezembro de 2018). "Plataforma fotônica integrada para informação quântica com variáveis contínuas". Avanços da ciência. 4 (12): eaat9331. arXiv: 1804.07435. Bibcode:2018SciA....4.9331L. doi:10.1126/sciadv.aat9331. PMC 6286167. PMID 30539143.

232. 115º Congresso (2018) (26 de junho de 2018). "H.R. 6227 (115º)". Legislação. GovTrack.us. Recuperado em 11 de fevereiro de 2019. Lei da Iniciativa Quântica Nacional

233. "O presidente Trump assinou uma lei de US $ 1,2 bilhão para impulsionar a tecnologia quântica dos EUA". Revisão de tecnologia do MIT. Recuperado em 11 de fevereiro de 2019.

234. "Lei da Iniciativa Quântica Nacional dos EUA aprovada por unanimidade". A pilha. 18 de dezembro de 2018. Recuperado em 11 de fevereiro de 2019.

235. Aron, Jacob (8 de janeiro de 2019). "IBM revela seu primeiro computador quântico comercial". Novo cientista. Recuperado em 8 de janeiro de 2019.

236. "IBM revela seu primeiro computador quântico comercial". TechCrunch. Recuperado em 18 de fevereiro de 2019.

237. Kokail, C; Maier, C; Van Bijnen, R; Brydges, T; Joshi, M. K; Jurcevic, P; Muschik, C. A; Silvi, P; Blatt, R; Roos, C; Zoller, P (15 de maio de 2019). "Simulação quântica variacional auto-verificadora de modelos de rede". Ciência. 569 (7756): 355-360. arXiv:1810.03421. Bibcode:2019Natur.569..355K. doi:10.1038/s41586-019-1177-4. PMID 31092942. S2CID 53595106.

238. Unden, T.; Louzon, D.; Zwolak, M.; Zurek, W. H.; Jelezko, F. (1 de outubro de 2019). "Revelando o surgimento da clássica usando centros de vacância de nitrogênio". Cartas de revisão física. 123 (140402): 140402. arXiv:1809.10456. Bibcode:2019PhRvL.123n0402U. doi:10.1103/PhysRevLett.123.140402. PMC 7003699. PMID 31702205.

239. Cho, A. (13 de setembro de 2019). "Darwinismo quântico visto em armadilhas de diamante". Ciência. 365 (6458): 1070. Bibcode:2019Sci...365.1070C. doi:10.1126/science.365.6458.1070. PMID 31515367. S2CID 202567042.

240. "O Google pode ter dado um passo em direção à 'supremacia' da computação quântica (atualizado)". Engadget. Recuperado em 24 de setembro de 2019.

241.   Porter, Jon (23 de setembro de 2019). "O Google pode ter acabado de inaugurar uma era de 'supremacia quântica'". A Verge. Recuperado em 24 de setembro de 2019.

242.   Murgia, Waters, Madhumita, Richard (20 de setembro de 2019). "O Google afirma ter alcançado a supremacia quântica". Financial Times. Recuperado em 24 de setembro de 2019.

243.   Shankland, Stephen. "O maior computador quântico da IBM, com 53 qubits, ficará online em outubro". CNET. Recuperado em 17 de outubro de 2019.

244.   Garisto, Daniel. "Computador quântico feito de fotões atinge um novo recorde". Scientific American. Recuperado em 30 de junho de 2021.

245.   "Qubits quentes feitos em Sydney quebram uma das maiores restrições aos computadores quânticos práticos". 16 de abril de 2020.

246.   UNSW Media (23 de maio de 2019). "'Fones de ouvido com cancelamento de ruído 'para computadores quânticos: colaboração internacional lançada ". Sala de redação da UNSW. Universidade de Nova Gales do Sul. Recuperado em 16 de abril de 2022.

247.   "Cancelamento do ruído quântico". 23 de maio de 2019.

248.   "Engenheiros decifram o quebra-cabeça de 58 anos a caminho da descoberta quântica". 12 de março de 2020.

249.   "Ligar o computador quântico do futuro: Uma nova construção simples com a tecnologia existente".

250.   "Pesquisadores quânticos capazes de dividir um fóton em três". phys.org. Recuperado em 9 de março de 2020.

251.   Chang, C. W. Sandbo; Sabín, Carlos; Forn-Díaz, P.; Quijandría, Fernando; Vadiraj, A. M.; Nsanzineza, I.; Johansson, G.; Wilson, C. M. (16 de janeiro de 2020). "Observação de conversão descendente paramétrica espontânea de três fótons em uma cavidade paramétrica supercondutora". Revisão Física X. 10 (1): 011011. arXiv:1907.08692.   Bibcode:2020PhRvX..10a1011C. doi:10.1103/PhysRevX.10.011011.

252.   "Átomos artificiais criam qubits estáveis para computação quântica". phys.org. Recuperado em 9 de março de 2020.

253.   Leon, R. C. C.; Yang, C. H.; Hwang, J. C. C.; Lemyre, J. Camirand; Tanttu, T.; Huang, W.; Chan, K. W.; Tan, K. Y.; Hudson, F. E.; Itoh, K. M.; Morello, A.; Laucht, A.; Pioro-Ladrière, M.; Saraiva, A.; Dzurak, A. S. (11 de fevereiro de 2020). "Controle de spin coerente de elétrons s-, p-, d- e f em um ponto quântico de silício". Natureza das Comunicações. 11 (1): 797. arXiv: 1902.01550. Bibcode:2020NatCo..11..797L. doi:10.1038/s41467-019-14053-w. ISSN 2041-1723. PMC 7012832. PMID 32047151.

254.   "Produzindo fótons únicos a partir de um fluxo de elétrons únicos". phys.org. Recuperado em 8 de março de 2020.

255.   Hsiao, Tzu-Kan; Rubino, Antonio; Chung, Yousun; Filho, Seok-Kyun; Hou, Hangtian; Pedrós, Jorge; Nasir, Ateeq; Éthier-Majcher, Gabriel; Stanley, Megan J.; Phillips, Richard T.; Mitchell, Thomas A.; Griffiths, Jonathan P.; Farrer, Ian; Ritchie, David A.; Ford, Christopher J. B. (14 de fevereiro de 2020). "Emissão de fóton único a partir do transporte de elétron único em um diodo emissor de luz lateral acionado por SAW". Natureza das Comunicações. 11 (1): 917. arXiv: 1901.03464. Bibcode:2020NatCo..11..917H. doi:10.1038/s41467-020-14560-1. ISSN 2041-1723. PMC 7021712. PMID 32060278.

256.   "Os cientistas 'filmam' uma medição quântica". phys.org. Recuperado em 9 de março de 2020.

257.   Pokorny, Fabian; Zhang, Chi; Higgins, Gerard; Cabello, Adán; Kleinmann, Matthias; Hennrich, Markus (25 de fevereiro de 2020). "Rastreando a dinâmica de uma medição quântica ideal". Cartas de revisão física. 124 (8): 080401. arXiv: 1903.10398. Bibcode:2020PhRvL.124h0401P.   doi:10.1103/PhysRevLett.124.080401.   PMID 32167322. S2CID 85501331.
258.   "Os cientistas medem o spin qubit do elétron sem demoli-lo". phys.org. Recuperado em 5 de abril de 2020.
259. Yoneda, J.; Takeda, K.; Noiri, A.; Nakajima, T.; Li, S.; Kamioka, J.; Kodera, T.; Tarucha, S. (2 de março de 2020). "Leitura quântica de não demolição de um spin de elétron em silício". Comunicações da natureza. 11 (1): 1144. arXiv:1910.11963. Bibcode:2020NatCo..11.1144Y. doi:10.1038/s41467-020-14818-8. ISSN 2041-1723. PMC 7052195. PMID 32123167.
260.   "Engenheiros quebram o quebra-cabeça de 58 anos no caminho para a descoberta quântica". phys.org. Recuperado em 5 de abril de 2020.
261.   Asaad, Serwan; Mourik, Vincent; Joecker, Benjamin; Johnson, Mark A. I.; Baczewski, Andrew D.; Firgau, Hannes R.; Mądzik, Mateusz T.; Schmitt, Vivien; Pla, Jarryd J.; Hudson, Fay E.; Itoh, Kohei M.; McCallum, Jeffrey C.; Dzurak, Andrew S.; Laucht, Arne; Morello, Andrea (março de 2020). "Controle elétrico coerente de um único núcleo de alto spin em silício". Natureza. 579 (7798): 205-209. arXiv:1906.01086. Bibcode:2020Natur.579..205A. doi:10.1038/s41586-020-2057-7. PMID 32161384. S2CID 174797899.
262.   Cientistas criam sensor quântico que cobre todo o espetro de radiofrequências, Phys.org/Laboratório de Investigação do Exército dos Estados Unidos, 2020-03-19
263.   Meyer, David H; Castillo, Zachary A; Cox, Kevin C; Kunz, Paul D (10 de janeiro de 2020). "Avaliação de átomos de Rydberg para deteção de campo elétrico de banda larga". Jornal de Física B: Física Atómica, Molecular e Ótica. 53 (3): 034001. arXiv: 1910.00646. Bibcode:2020JPhB...53c4001M. doi:10.1088/1361-6455/ab6051. ISSN 0953-4075. S2CID 203626886.
264.   "Os pesquisadores demonstram o elo que faltava para uma internet quântica". phys.org. Recuperado em 7 de abril de 2020.
265.   Bhaskar, M. K.; Riedinger, R.; Machielse, B.; Levonian, D. S.; Nguyen, C. T.; Knall, E. N.; Park, H.; Englund, D.; Lončar, M.; Sukachev, D. D.; Lukin, M. D. (abril de 2020). "Demonstração experimental de comunicação quântica aprimorada por memória".   Natureza.   580   (7801):   60-64.   arXiv:1909.01323. Bibcode:2020Natur.580...60B. doi:10.1038/s41586-020-2103-5. PMID 32238931. S2CID 202539813.
266.   Delbert, Caroline (17 de abril de 2020). "Qubits quentes podem proporcionar um avanço na computação quântica". Mecânica popular. Recuperado em 16 de maio de 2020.
267.   "'Qubits 'quentes' quebram a barreira da temperatura da computação quântica - ABC News". www.abc.net.au. 15 de abril de 2020. Recuperado em 16 de maio de 2020.
268.   "Qubits quentes quebram uma das maiores restrições aos computadores quânticos práticos". phys.org. Recuperado em 16 de maio de 2020.
269.   Yang, C. H.; Leon, R. C. C.; Hwang, J. C. C.; Saraiva, A.; Tanttu, T.; Huang, W.; Camirand Lemyre, J.; Chan, K. W.; Tan, K. Y.; Hudson, F. E.; Itoh, K. M.; Morello, A.; Pioro-Ladrière, M.; Laucht, A.; Dzurak, A. S. (abril de 2020). "Operação de uma célula unitária de processador quântico de silício acima de um kelvin". Natureza. 580 (7803): 350-354. arXiv:1902.09126. Bibcode:2020Natur.580..350Y. doi:10.1038/s41586-020-2171-6. PMID 32296190. S2CID 119520750.

270. "Nova descoberta resolve um debate de longa data sobre materiais fotovoltaicos". phys.org. Recuperado em 17 de maio de 2020.

271. Liu, Z.; Vaswani, C.; Yang, X.; Zhao, X.; Yao, Y.; Song, Z.; Cheng, D.; Shi, Y.; Luo, L.; Mudiyanselage, D.-H.; Huang, C.; Park, J.-M.; Kim, R. H. J.; Zhao, J.; Yan, Y.; Ho, K.-M.; Wang, J. "Controlo ultrarrápido da estrutura fina de Rashba excitónica por coerência de fões na perovskite de halogeneto de metal ${\mathrm{CH". _{3}{\mathrm{NH}}}_{3}{\mathrm{PbI}}_{3}$ |journal=Physical Review Letters |date=16 April 2020 |volume=124 |issue=15 |pages=157401 |doi=10.1103/PhysRevLett.124.157401 }}

272. "Cientistas demonstram protótipo de radar quântico". phys.org. Recuperado em 12 de junho de 2020.

273. ""Radar quântico" usa fotões emaranhados para detetar objectos". Novo Atlas. 12 de maio de 2020. Recuperado em 12 de junho de 2020.

274. Barzanjeh, S.; Pirandola, S.; Vitali, D.; Fink, J. M. (1 de maio de 2020). "Iluminação quântica de micro-ondas usando um recetor digital". Avanços da ciência. 6 (19): eabb0451. arXiv: 1908.03058. Bibcode:2020SciA....6..451B. doi:10.1126/sciadv.abb0451. PMC 7272231. PMID 32548249.

275. "Os cientistas quebram a ligação entre o spin de um material quântico e os estados orbitais". phys.org. Recuperado em 12 de junho de 2020.

276. Shen, L.; Mack, S. A.; Dakovski, G.; Coslovich, G.; Krupin, O.; Hoffmann, M.; Huang, S.-W.; Chuang, Y-D.; Johnson, J. A.; Lieu, S.; Zohar, S.; Ford, C.; Kozina, M.; Schlotter, W.; Minitti, M. P.; Fujioka, J.; Moore, R.; Lee, W-S.; Hussain, Z.; Tokura, Y.; Littlewood, P.; Turner, J. J. (12 de maio de 2020). "Desacoplando correlações spin-orbitais em uma manganita em camadas em meio à excitação ultra-rápida da banda de transferência de carga hibridizada". Revisão Física B. 101 (20): 201103. arXiv: 1912.10234. Bibcode:2020PhRvB.101t1103S. doi:10.1103/PhysRevB.101.201103.

277. "A descoberta do fóton é um grande passo em direção às tecnologias quânticas em grande escala". phys.org. Recuperado em 14 de junho de 2020.

278. "Físicos desenvolvem fonte de fótons integrada para macrofotônica quântica". optics.org. Recuperado em 14 de junho de 2020.

279. Paesani, S.; Borghi, M.; Signorini, S.; Maïnos, A.; Pavesi, L.; Laing, A. (19 de maio de 2020). "Fontes de fótons espontâneos quase ideais em fotônica quântica de silício". Comunicações da natureza. 11 (1): 2505. arXiv: 2005.09579. Bibcode:2020NatCo..11.2505P. doi:10.1038/s41467-020-16187-8. PMC 7237445. PMID 32427911.

280. Lachmann, Maike D.; Rasel, Ernst M. (11 de junho de 2020). "A matéria quântica orbita a Terra". Natureza. 582 (7811): 186-187. Bibcode:2020Natur.582..186L. doi:10.1038/d41586-020-01653-6. PMID 32528088.

281. "Quantum 'quinto estado da matéria' observado no espaço pela primeira vez". phys.org. Recuperado em 4 de julho de 2020.

282. Aveline, David C.; Williams, Jason R.; Elliott, Ethan R.; Dutenhoffer, Chelsea; Kellogg, James R.; Kohel, James M.; Lay, Norman E.; Oudrhiri, Kamal; Shotwell, Robert F.; Yu, Nan; Thompson, Robert J. (junho de 2020). "Observação de condensados de Bose-Einstein em um laboratório de pesquisa em órbita da Terra". Natureza. 582 (7811): 193-197. Bibcode:2020Natur.582..193A. doi:10.1038/s41586-020-2346-1. PMID 32528092. S2CID 219568565.

283. "O menor motor do mundo". phys.org. Recuperado em 4 de julho de 2020.

284. "Nano-motor de apenas 16 átomos funciona no limite da física quântica". Novo Atlas. 17 de junho de 2020. Recuperado em 4 de julho de 2020.

285.   Stolz, Samuel; Gröning, Oliver; Prinz, Jan; Brune, Harald; Widmer, Roland (15 de junho de 2020). "Motor molecular cruzando a fronteira do movimento de tunelamento clássico para quântico". Anais da Academia Nacional de Ciências. 117 (26): 14838–14842. doi:10.1073/pnas.1918654117. ISSN 0027-8424. PMC 7334648. PMID 32541061.

286.   "Novas técnicas melhoram a comunicação quântica, emaranham fônons". phys.org. Recuperado em 5 de julho de 2020.

287.   Schirber, Michael (12 de junho de 2020). "Apagamento quântico com fônons". Física. Recuperado em 5 de julho de 2020.

288.   Chang, H.-S.; Zhong, Y. P.; Bienfait, A.; Chou, M.-H.; Conner, C. R.; Dumur, É.; Grebel, J.; Peairs, G. A.; Povey, R. G.; Satzinger, K. J.; Cleland, A. N. (17 de junho de 2020). "Emaranhamento remoto via passagem adiabática usando um sistema de comunicação quântica sintonizável e dissipativo". Cartas de revisão física. 124 (24): 240502.   arXiv: 2005.12334.   Bibcode:2020PhRvL.124x0502C. doi:10.1103/PhysRevLett.124.240502. PMID 32639797. S2CID 218889298.

289.   Bienfait, A.; Zhong, Y. P.; Chang, H.-S.; Chou, M.-H.; Conner, C. R.; Dumur, É.; Grebel, J.; Peairs, G. A.; Povey, R. G.; Satzinger, K. J.; Cleland, A. N. (12 de junho de 2020). "Apagamento quântico usando fônons acústicos de superfície emaranhados". Revisão   Física   X.   10   (2):   021055.   arXiv: 2005.09311. Bibcode:2020PhRvX..10b1055B. doi:10.1103/PhysRevX.10.021055.

290.   "Cientistas da UChicago descobrem uma forma de fazer com que os estados quânticos durem 10.000 vezes mais". Laboratório Nacional de Argonne. 13 de agosto de 2020. Recuperado em 14 de agosto de 2020.

291.   Miao, Kevin C.; Blanton, Joseph P.; Anderson, Christopher P.; Bourassa, Alexandre; Crook, Alexander L.; Wolfowicz, Gary; Abe, Hiroshi; Ohshima, Takeshi; Awschalom, David D. (12 de maio de 2020). "Proteção de coerência universal em um qubit de spin de estado sólido". Ciência. 369 (6510): 1493-1497. arXiv: 2005.06082v1. Bibcode:2020Sci...369.1493M.   doi:10.1126/science.abc5186.   PMID   32792463. S2CID 218613907.

292.   "Os computadores quânticos podem ser destruídos por partículas de alta energia do espaço". New Scientist. Recuperado em 7 de setembro de 2020.

293.   "Os raios cósmicos podem em breve impedir a computação quântica". phys.org. Recuperado em 7 de setembro de 2020.

294. Vepsäläinen, Antti P.; Karamlou, Amir H.; Orrell, John L.; Dogra, Akshunna S.; Loer, Ben; Vasconcelos, Francisca; Kim, David K.; Melville, Alexander J.; Niedzielski, Bethany M.; Yoder, Jonilyn L.; Gustavsson, Simon; Formaggio, Joseph A.; VanDevender, Brent A.; Oliver, William D. (agosto de 2020). "Impacto da radiação ionizante na coerência do qubit supercondutor". Natureza. 584 (7822): 551-556. arXiv: 2001.09190. Bibcode:2020Natur.584..551V. doi:10.1038/s41586-020-2619-8. ISSN 1476-4687. PMID 32848227. S2CID 210920566. Recuperado em 7 de setembro de 2020.

295.   "O Google realiza a maior simulação química em um computador quântico até hoje". phys.org. Recuperado em 7 de setembro de 2020.

296.   Savage, Neil. "O computador quântico do Google atinge um marco na química". Scientific American. Recuperado em 7 de setembro de 2020.

297.   Colaboradores do Google AI Quantum (28 de agosto de 2020). "Hartree-Fock em um computador quântico qubit supercondutor". Ciência. 369 (6507): 1084-1089. arXiv:2004.04174. Bibcode:2020Sci...369.1084.. doi:10.1126/science.abb9811. ISSN 0036-8075. PMID 32855334. S2CID 215548188. Recuperado em 7 de setembro de 2020.

298.	"Rede de comunicação multiutilizador abre caminho para a Internet quântica". Mundo da Física. 8 de setembro de 2020. Recuperado em 8 de outubro de 2020.

299.	Joshi, Siddarth Koduru; Aktas, Djeylan; Wengerowsky, Sören; Lončarić, Martin; Neumann, Sebastian Philipp; Liu, Bo; Scheidl, Thomas; Lorenzo, Guillermo Currás; Samec, Željko; Kling, Laurent; Qiu, Alex; Razavi, Mohsen; Stipčević, Mario; Raridade, John G.; Ursin, Rupert; Ahmed, Kazi Saabique (1 de setembro de 2020). "Uma rede de comunicação quântica metropolitana de oito usuários sem nós confiável". Ciência avança. 6 (36): eaba0959. arXiv: 1907.08229. Bibcode:2020SciA....6..959J. doi:10.1126/sciadv.aba0959. ISSN 2375-2548. PMC 7467697. PMID 32917585.	O texto e as imagens estão disponíveis sob uma licença Creative Commons Attribution 4.0 International.

300.	"Emaranhamento quântico realizado entre grandes objetos distantes". phys.org. Recuperado em 9 de outubro de 2020.

301.	Thomas, Rodrigo A.; Parniak, Michał; Østfeldt, Christoffer; Møller, Christoffer B.; Bærentsen, Christian; Tsaturyan, Yeghishe; Schliesser, Albert; Appel, Jürgen; Zeuthen, Emil; Polzik, Eugene S. (21 de setembro de 2020). "Emaranhamento entre sistemas mecânicos e de spin macroscópicos distantes". Física da Natureza. 17 (2): 228-233. arXiv: 2003.11310. doi: 10.1038 / s41567-020-1031-5. ISSN 1745-2481. S2CID 214641162. Recuperado em 9 de outubro de 2020.

302.	"Equipa chinesa revela computador quântico extremamente rápido". China Daily. 4 de dezembro de 2020. Recuperado em 5 de dezembro de 2020.

303.	"A China reivindica a sua supremacia quântica". Com fio. 3 de dezembro de 2020. Recuperado em 5 de dezembro de 2020.

304.	Zhong, Han-Sen; Wang, Hui; Deng, Yu-Hao; Chen, Ming-Cheng; Peng, Li-Chao; Luo, Yi-Han; Qin, Jian; Wu, Dian; Ding, Xing; Hu, Yi; Hu, Peng; Yang, Xiao-Yan; Zhang, Wei-Jun; Li, Hao; Li, Yuxuan; Jiang, Xiao; Gan, Lin; Yang, Guangwen; Você, Lixing; Wang, Zhen; Li, Li; Liu, Nai-Le; Lu, Chao-Yang; Pan, Jian-Wei (18 de dezembro de 2020). "Vantagem computacional quântica usando fótons". Ciência. 370 (6523): 1460-1463. arXiv:2012.01625. Bibcode:2020Sci...370.1460Z. doi:10.1126/science.abe8770. ISSN 0036-8075. PMID 33273064. S2CID 227254333. Recuperado em 22 de janeiro de 2021.

305.	"Cientistas conseguem comunicação quântica contrafactual direta pela primeira vez". Futurismo. Recuperado em 16 de janeiro de 2021.

306.	"Partículas elementares se separam de suas propriedades". phys.org. Recuperado em 16 de janeiro de 2021.

307.	McRae, Mike. "Em um novo artigo alucinante, os físicos dão ao gato de Schrodinger um sorriso de Cheshire". ScienceAlert. Recuperado em 16 de janeiro de 2021.

308. Aharonov, Yakir; Rohrlich, Daniel (21 de dezembro de 2020). "O que é não local na comunicação quântica contrafactual?". Cartas de revisão física. 125 (26): 260401. arXiv:2011.11667.	Bibcode:2020PhRvL.125z0401A. doi:10.1103/PhysRevLett.125.260401.	PMID	33449741.	S2CID	145994494. Recuperado em 16 de janeiro de 2021.	Disponível sob CC BY 4.0.

309.	"A primeira rede de comunicação quântica integrada do mundo". phys.org. Recuperado em 11 de fevereiro de 2021.

310.	Chen, Yu-Ao; Zhang, Qiang; Chen, Teng-Yun; Cai, Wen-Qi; Liao, Sheng-Kai; Zhang, Jun; Chen, Kai; Yin, Juan; Ren, Ji-Gang; Chen, Zhu; Han, Sheng-Long; Yu, Qing; Liang, Ken; Zhou, Fei; Yuan, Xiao; Zhao, Mei-Sheng; Wang, Tian-Yin; Jiang, Xiao; Zhang, Liang; Liu, Wei-Yue; Li, Yang; Shen, Qi; Cao, Yuan; Lu, Chao-Yang; Shu, Rong; Wang, Jian-Yu; Li, Li; Liu, Nai-Le; Xu, Feihu; Wang, Xiang-Bin; Peng,

Cheng-Zhi; Pan, Jian-Wei (janeiro de 2021). "Uma rede integrada de comunicação quântica espaço-terra ao longo de 4.600 quilômetros". Natureza. 589 (7841): 214-219. Bibcode:2021Natur.589..214C. doi:10.1038/s41586-020-03093-8. ISSN 1476-4687. PMID 33408416. S2CID 230812317. Recuperado em 11 de fevereiro de 2021.

311.   "Bits quânticos protegidos contra erros emaranhados pela primeira vez". phys.org. Recuperado em 30 de agosto de 2021.

312.   Erhard, Alexander; Poulsen Nautrup, Hendrik; Meth, Michael; Postler, Lukas; Stricker, Roman; Stadler, Martin; Negnevitsky, Vlad; Ringbauer, Martin; Schindler, Philipp; Briegel, Hans J.; Blatt, Rainer; Friis, Nicolai; Monz, Thomas (janeiro de 2021). "Emaranhando qubits lógicos com cirurgia de rede". Natureza. 589 (7841): 220-224. arXiv:2006.03071. Bibcode:2021Natur.589..220E. doi:10.1038/s41586-020-03079-6. ISSN 1476-4687. PMID 33442044. S2CID 219401398. Recuperado em 30 de agosto de 2021.

313.   "Usando drones para criar redes quânticas locais". phys.org. Recuperado em 12 de fevereiro de 2021.

314.   Liu, Hua-Ying; Tian, Xiao-Hui; Gu, Changsheng; Fan, Pengfei; Ni, Xin; Yang, Ran; Zhang, Ji-Ning; Hu, Mingzhe; Guo, Jian; Cao, Xun; Hu, Xiaopeng; Zhao, Gang; Lu, Yan-Qing; Gong, Yan-Xiao; Xie, Zhenda; Zhu, Shi-Ning (15 de janeiro de 2021). "Distribuição de emaranhamento com retardo ótico usando drones como nós móveis". Cartas de revisão física. 126 (2): 020503. Bibcode:2021PhRvL.126b0503L. doi:10.1103/PhysRevLett.126.020503. PMID 33512193. S2CID 231761406. Recuperado em 12 de fevereiro de 2021.

315.   "Os físicos desenvolvem uma fonte recorde de fótons únicos". phys.org. Recuperado em 12 de fevereiro de 2021.

316. Tomm, Natasha; Javadi, Alisa; Antoniadis, Nadia Olympia; Najer, Daniel; Löbl, Matthias Christian; Korsch, Alexander Rolf; Schott, Rüdiger; Valentin, Sascha René; Wieck, Andreas Dirk; Ludwig, Arne; Warburton, Richard John (28 de janeiro de 2021). "Uma fonte brilhante e rápida de fótons únicos coerentes". Natureza Nanotecnologia. 16 (4): 399-403. arXiv:2007.12654. Bibcode:2021NatNa..16..399T. doi:10.1038/s41565-020-00831-x. ISSN 1748-3395. PMID 33510454. S2CID 220769410. Recuperado em 12 de fevereiro de 2021.

317.   "Sistemas quânticos aprendem computação conjunta". phys.org. Recuperado em 7 de março de 2021.

318.   Daiss, Severin; Langenfeld, Stefan; Welte, Stephan; Distante, Emanuele; Thomas, Philip; Hartung, Lukas; Morin, Olivier; Rempe, Gerhard (5 de fevereiro de 2021). "Um portão lógico quântico entre módulos de rede quântica distantes". Ciência. 371 (6529): 614-617. arXiv:2103.13095. Bibcode:2021Sci...371..614D. doi:10.1126/science.abe3150. ISSN 0036-8075. PMID 33542133. S2CID 231808141. Recuperado em 7 de março de 2021.

319.   "Poderíamos detetar civilizações alienígenas por meio de sua comunicação quântica interestelar". phys.org. Recuperado em 9 de maio de 2021.

320. Hippke, Michael (13 de abril de 2021). "Procurando por comunicações quânticas interestelares". O Jornal Astronómico. 162 (1): 1. arXiv:2104.06446. Bibcode:2021AJ....162....1H. doi:10.3847/1538-3881/abf7b7. S2CID 233231350. Recuperado em 9 de maio de 2021.

321.   "Tambores vibratórios são emaranhados quânticos mecanicamente". Mundo da Física. 17 de maio de 2021. Recuperado em 14 de junho de 2021.

322. Lépinay, Laure Mercier de; Ockeloen-Korppi, Caspar F.; Woolley, Matthew J.; Sillanpää, Mika A. (7 de maio de 2021). "Subsistema livre de mecânica quântica com osciladores mecânicos". Ciência. 372 (6542): 625-629. arXiv:2009.12902.

Bibcode:2021Sci...372..625M. doi:10.1126/science.abf5389. ISSN 0036-8075. PMID 33958476. S2CID 221971015. Recuperado em 14 de junho de 2021.

323. Kotler, Shlomi; Peterson, Gabriel A.; Shojaee, Ezad; Lecocq, Florent; Cicak, Katarina; Kwiatkowski, Alex; Geller, Shawn; Glancy, Scott; Knill, Emanuel; Simmonds, Raymond W.; Aumentado, José; Teufel, John D. (7 de maio de 2021). "Observação direta do emaranhamento macroscópico determinístico". Ciência. 372 (6542): 622-625. arXiv:2004.05515. Bibcode:2021Sci...372..622K. doi:10.1126/science.abf2998. ISSN 0036-8075. PMID 33958475. S2CID 233872863. Recuperado em 14 de junho de 2021.

324. "TOSHIBA ANUNCIA AVANÇO NA COMUNICAÇÃO QUÂNTICA DE LONGA DISTÂNCIA". Toshiba. 12 de junho de 2021. Recuperado em 12 de junho de 2021.

325. "Os investigadores criam uma rede quântica 'não-hackeável' ao longo de centenas de quilómetros usando fibra ótica". ZDNet. 8 de junho de 2021. Recuperado em 12 de junho de 2021.

326. Pittaluga, Mirko; Minder, Mariella; Lucamarini, Marco; Sanzaro, Mirko; Woodward, Robert I.; Li, Ming-Jun; Yuan, Zhiliang; Shields, Andrew J. (julho de 2021). "Comunicações quânticas semelhantes a repetidores de 600 km com estabilização de banda dupla". Natureza Fotônica. 15 (7): 530-535. Bibcode:2021NaPho..15..530P. doi:10.1038/s41566-021-00811-0. ISSN 1749-4893. S2CID 229923162. Recuperado em 19 de julho de 2021.

327. "O computador quântico é o mais pequeno de sempre, afirmam os físicos". Mundo da Física. 7 de julho de 2021. Recuperado em 11 de julho de 2021.

328. Pogorelov, I.; Feldker, T.; Marciniak, Ch. D.; Postler, L.; Jacob, G.; Krieglsteiner, O.; Podlesnic, V.; Meth, M.; Negnevitsky, V.; Stadler, M.; Höfer, B.; Wächter, C.; Lakhmanskiy, K.; Blatt, R.; Schindler, P.; Monz, T. (17 de junho de 2021). "Demonstrador de computação quântica de armadilha de íons compacto". PRX Quantum. 2 (2): 020343. arXiv:2101.11390. Bibcode:2021PRXQ....2b0343P. doi:10.1103/PRXQuantum.2.020343. S2CID 231719119. Recuperado em 11 de julho de 2021.

329. "Físicos liderados por Harvard dão grande passo na corrida para a computação quântica". Scienmag: Últimas notícias sobre ciência e saúde. 9 de julho de 2021. Recuperado em 14 de agosto de 2021.

330. Ebadi, Sepehr; Wang, Tout T.; Levine, Harry; Keesling, Alexander; Semeghini, Giulia; Omran, Ahmed; Bluvstein, Dolev; Samajdar, Rhine; Pichler, Hannes; Ho, Wen Wei; Choi, Soonwon; Sachdev, Subir; Greiner, Markus; Vuletić, Vladan; Lukin, Mikhail D. (julho de 2021). "Fases quânticas da matéria em um simulador quântico programável de 256 átomos". Natureza. 595 (7866): 227-232. arXiv: 2012.12281. Bibcode:2021Natur.595..227E. doi:10.1038/s41586-021-03582-4. ISSN 1476-4687. PMID 34234334. S2CID 229363764.

Índice

Printed by Books on Demand GmbH, Norderstedt / Germany